打造
完美住宅格局

採光、動線、收納……
小巧思帶來驚人效果！

the house／著　鍾嘉惠／譯

打造完美住宅格局
Contents

打造完美住宅格局
Contents

001

利用L型設計
暢快運用
「戶外的房間」

為確保隱私，以小葉青剛櫟作綠籬將四周包圍起來。並為了防堵馬路的噪音，採用L型設計，以戶外空間為中心配置房間。平時可以在那裡享受戶外生活，小孩和狗也可以屋裡屋外四處奔跑。

從玄關往上連接客廳，再往上則是廚房和飯廳。此挑高空間可以進入各個空間，成為這個家的空間樞紐。

前提條件
家庭成員：夫妻＋小孩1人＋狗
基地條件：基地面積261.86㎡
　　　　　建蔽率40%、容積率80%
　　　　　16×16.5m幾近正方形。雖是寧靜的住宅區，但前面馬路的交通流量很多。偏向東南。

案主的主要要求
• 想蓋一間讓周圍環境變得更好的房子
• 希望是開放式的空間，但要保有私密性
• 家人和狗能一起愉快地生活

※客廳（Living Room）、飯廳（Dining Room）和廚房（Kitchen）的英文縮寫

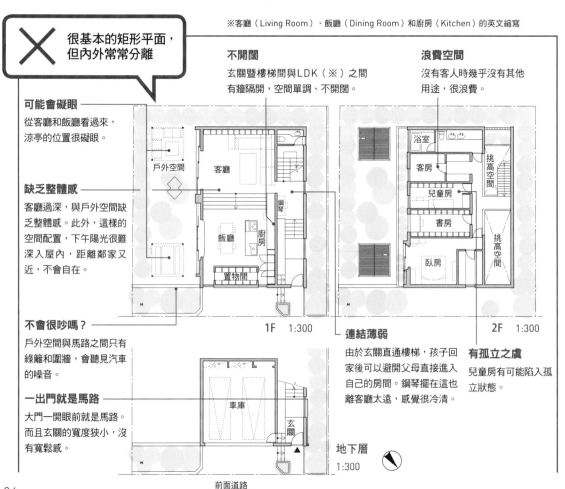

✕ **很基本的矩形平面，但內外常常分離**

可能會礙眼
從客廳和飯廳看過來，涼亭的位置很礙眼。

缺乏整體感
客廳過深，與戶外空間缺乏整體感。此外，這樣的空間配置，下午陽光很難深入屋內，距離鄰家又近，不會自在。

不會很吵嗎？
戶外空間與馬路之間只有綠籬和圍牆，會聽見汽車的噪音。

一出門就是馬路
大門一開眼前就是馬路。而且玄關的寬度狹小，沒有寬鬆感。

不開闊
玄關暨樓梯間與LDK（※）之間有牆隔開，空間單調、不開闊。

浪費空間
沒有客人時幾乎沒有其他用途，很浪費。

連結薄弱
由於玄關直通樓梯，孩子回家後可以避開父母直接進入自己的房間。鋼琴擺在這也離客廳太遠，感覺很冷清。

有孤立之虞
兒童房有可能陷入孤立狀態。

戶外空間　客廳　鋼琴　飯廳　廚房　置物間　1F　1:300

浴室　客房　兒童房　書房　臥房　挑高空間　2F　1:300

車庫　玄關　地下層　1:300

前面道路

用建築物圍起來，充分利用外部空間

2F
1:250

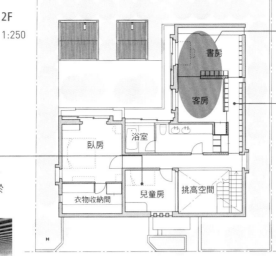

具通用性
沒有客人時可與書房連成一體，使用更大的空間。

大量收納
走廊兩側設置書架，可收放大量書籍。

可以感覺到動靜
兒童房面向挑高空間以玻璃隔開，因此感覺得到樓下的動靜，不至於孤立。

書房

客房

臥房　浴室

衣物收納間　兒童房　挑高空間

L型的功效
L型的規劃使戶外空間與建築物產生整體感，涼亭與客廳、飯廳之間的關係也成功營造出令人愉快的世界，而不會妨礙各自的視線。此外，房子和鄰宅間也預留了較大的距離。

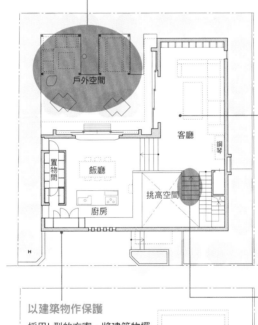

戶外空間

客廳　鋼琴

置物間　飯廳

廚房　挑高空間

不會單調
一樓的內部是一個L型全部打通的空間，具有縱深又開闊，不會單調。東南和西南都有開口，室內一整天都有日照。

1F
1:250

上：從樓梯的平台看飯廳、客廳
中：戶外空間有兩座涼亭，可享受戶外生活的樂趣
下：從廚房看玄關的挑高空間和客廳。挑高空間也讓兒童房變得更加寬闊

以建築物作保護
採用L型的方案，將建築物擺在戶外空間和馬路之間，既可防堵汽車噪音，同時又能保護隱私。

車庫

玄關

會映入眼簾
由於從廚房、飯廳、客廳看得到樓梯，小孩回到家父母一定會看到。要是鋼琴也擺在這，就能邊彈琴邊感覺到家人的動靜。

空間寬敞
保留很大的面積做成寬敞的玄關。外出時，開啟玄關大門便看見綠色植栽，心情也隨之平靜。

地下層
1:250

前面道路

基地面積／261.86㎡
樓地板面積／238.85㎡
設計／椎名英三 祐子建築設計
案名／森 FOREST

002

利用四個角落的庭院和天窗，打造滿室陽光的都市住宅

四周被建築物包圍的旗竿型基地。為了預留緩衝帶，刻意把房子蓋在基地中央。並實地調查鄰近建築物的影子，將挑高和天花板較高的空間配置在影響較小的區域，藉以將日照引進房子深處。

讓房間和庭院產生連結，外部空間雖不算寬闊，但每個房間都能享受不同的屋外風景。錯層式設計加上立體回遊性，是可以享受少許迷宮氣氛的住宅。

前提條件
家庭成員：夫妻＋小孩2人
基地條件：基地面積196.37㎡
　　　　　建蔽率50%、容積率100%
　　　　　位於寧靜的住宅區、四周被建築物包圍的旗竿型基地。
案主的主要要求
• 耐震的強韌住宅
• 能幫助孩子自律生活的空間規劃
• 具有整體性的寬闊和高尚氛圍的空間
• 閒適與正式的空間並存

✕ 構想雖好，但欠缺現實感

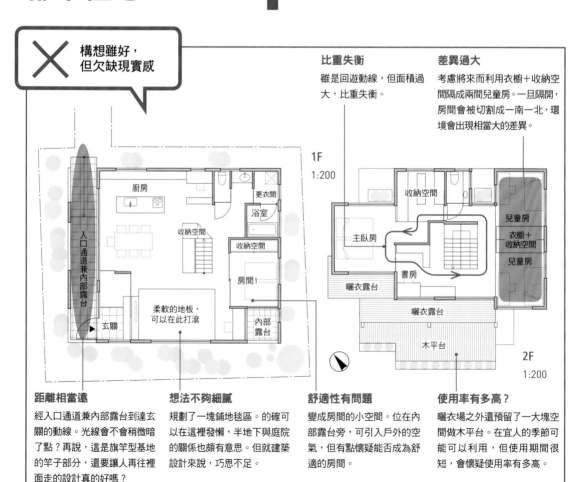

比重失衡
雖是回遊動線，但面積過大，比重失衡。

差異過大
考慮將來而利用衣櫥＋收納空間隔成兩間兒童房。一旦隔開，房間會被切割成一南一北，環境會出現相當大的差異。

1F
1:200

2F
1:200

距離相當遠
經入口通道兼內部露台到達玄關的動線。光線會不會稍微暗了點？再說，這是旗竿型基地的竿子部分，還要讓人再往裡面走的設計真的好嗎？

想法不夠細膩
規劃了一塊鋪地毯區。的確可以在這裡發懶，半地下與庭院的關係也頗有意思。但就建築設計來說，巧思不足。

舒適性有問題
變成房間的小空間。位在內部露台旁，可引入戶外的空氣，但有點懷疑能否成為舒適的房間。

使用率有多高？
曬衣場之外還預留了一大塊空間做木平台。在宜人的季節可能可以利用，但使用期間很短，會懷疑使用率有多高。

立體上也充滿有趣設計的家

攝影：黑住直臣
（三幀皆是）

上：一樓飯廳。兩側壁面外觀粗獷，象徵空間的莊嚴性，營造出靜謐的空間
右：從發懶區看挑高空間

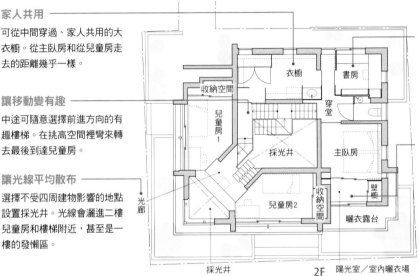

家人共用

可從中間穿過、家人共用的大衣櫥。從主臥房和從兒童房走去的距離幾乎一樣。

讓移動變有趣

中途可隨意選擇前進方向的有趣樓梯。在挑高空間裡彎來轉去最後到達兒童房。

讓光線平均散布

選擇不受四周建物影響的地點設置採光井。光線會灑進二樓兒童房和樓梯附近，甚至是一樓的發懶區。

寧靜的書房

書房設在北側可以靜下心來的角落。窗外借景鄰家的綠意。

藉陽光室作防護

把陽光室設在主臥房前。陽光室是位在室內的曬衣空間，同時也是隔開主臥房和外部的緩衝區。

衣櫥　書房
收納空間
兒童房1　穿堂
採光井　主臥房
兒童房2　收納空間
壁櫥
曬衣露台
光廊
採光井　2F　陽光室／室內曬衣場
1:200

可以放鬆的空間

在通過旗竿基地的竿子部分到達建築物前營造別有洞天的效果。馬路、竿子部分的通道以及門廊，一步一步地邀請人走進私密的世界。

靠近地面營造安心感

發懶區的設計低於地板，更接近地面。因為低於地板，所以確保了天花板的高度，成為迥異於飯廳、輕鬆自在的場所。同時備有固定式的沙發，可隨意地放鬆休息。

鄰接浴室的庭院很療癒

在用水區的外側設置花園，可以從浴室享受花園景觀，同時將光線引進盥洗室和廁所。

明亮且使用方便

一體打造廚房、背後的家事區和食品儲藏間。成為有宜人的南側日光、金木犀花香，且使用方便的「房間」。

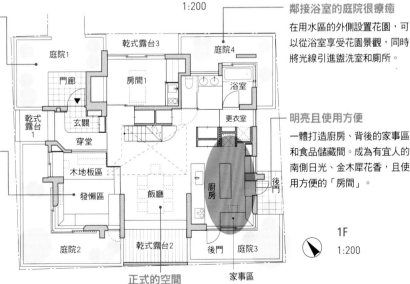

乾式露台3　庭院4
庭院1
門廊　房間1　浴室
乾式露台1　更衣室
玄關
穿堂
木地板區
發懶區　飯廳　廚房　後門
庭院2　乾式露台2　後門　庭院3
家事區
1F
1:200

正式的空間

兩側的水泥牆彷彿挺直了背，很正式的飯廳。基地邊界上豎立圍牆，做成讓人感覺不到鄰家存在的靜謐空間。

基地面積／196.37㎡
樓地板面積／171.43㎡
設計／長谷川順持建築デザインオフィス
案名／DRY & WET 花園住宅

003

挑高空間
多樣利用，
兼顧功能、環境
和寬闊感

如何充分利用街區的縫隙是都市住宅的設計關鍵。運用得巧妙，可讓住宅內部的生活變得豐富許多。

此設計案是在幾近方正的基地中，讓建築物稍微變形轉向馬路，藉此增加入口通道的縱深，使西北方的庭院變大，且富於變化。內部則利用螺旋式樓梯和挑高空間連結二樓的LDK和一樓寬敞的穿堂，整合整個住宅空間。

前提條件
家庭成員：2人
基地條件：基地面積100.03㎡
　　　　　建蔽率50%、容積率150%
　　　　　寧靜的住宅區，鄰宅三面環抱。
案主的主要要求
• 希望能享受彈琴的樂趣
• 可享受園藝之樂的庭院
• 妥善利用自然光和風，並確實隔熱
• 重視天然素材質感的家

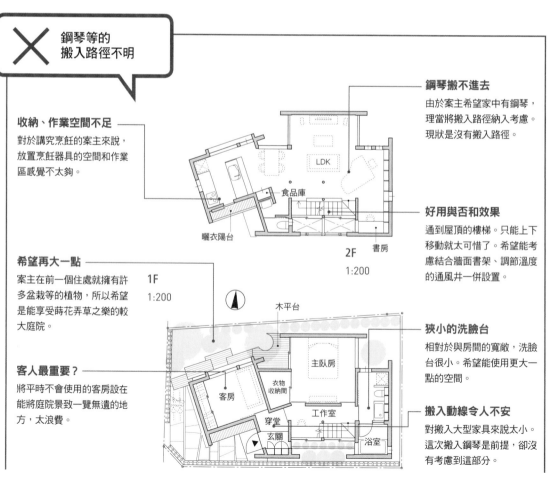

✕ 鋼琴等的搬入路徑不明

收納、作業空間不足
對於講究烹飪的案主來說，放置烹飪器具的空間和作業區感覺不太夠。

希望再大一點
案主在前一個住處就擁有許多盆栽等的植物，所以希望是能享受蒔花弄草之樂的較大庭院。

客人最重要？
將平時不會使用的客房設在能將庭院景致一覽無遺的地方，太浪費。

鋼琴搬不進去
由於案主希望家中有鋼琴，理當將搬入路徑納入考慮。現狀是沒有搬入路徑。

好用與否和效果
通到屋頂的樓梯。只能上下移動就太可惜了。希望能考慮結合牆面書架、調節溫度的通風井一併設置。

狹小的洗臉台
相對於與房間的寬敞，洗臉台很小。希望能使用更大一點的空間。

搬入動線令人不安
對搬入大型家具來說太小。這次搬入鋼琴是前提，卻沒有考慮到這部分。

LDK
食品庫
曬衣陽台
書房
2F
1:200

1F
1:200
木平台
主臥房
衣物收納間
客房
工作室
穿堂
玄關
浴室

充分利用挑高
空間彈性與寬廣兼得

攝影：吉田誠
（三幀皆是）

左：一石四鳥的挑高空間。兼具實用性和流動感的螺旋式樓梯也成為房子的裝飾重點

右：二樓LDK。轉個角度，獲得超乎實際的寬闊感

一體化空間

全面做成開放空間的二樓，藉由轉動空間配置的軸線，製造出視覺上的寬闊感，同時也增加廚房的作業空間和收納空間。不用說，廚房當然是依案主的要求訂做。

一石四鳥

螺旋式樓梯搭配牆面書架不但看起來美觀，以樓梯和書架而言也很好用。而且還可以調節室內溫度，讓音樂傳遍家中每個角落，可說是一石四鳥。

兼作客房

平時是可以專注的半封閉式書房。有訪客時，從墊高的地板下方取出被褥就成了可以睡覺的客房。

集中收納

在主臥房地板下方設置和主臥房同樣大小的收納空間，將各個房間的收納空間縮減到所需的最小限度。

講究的庭院

整體往南邊靠的空間配置，確保寬敞的庭院。成為從入口通道、大廳和主臥房都能欣賞到的庭院。

增加縱深

稍微轉個角度對向馬路，確保雖短但可以從馬路進來的通道，做成有縱深的玄關。

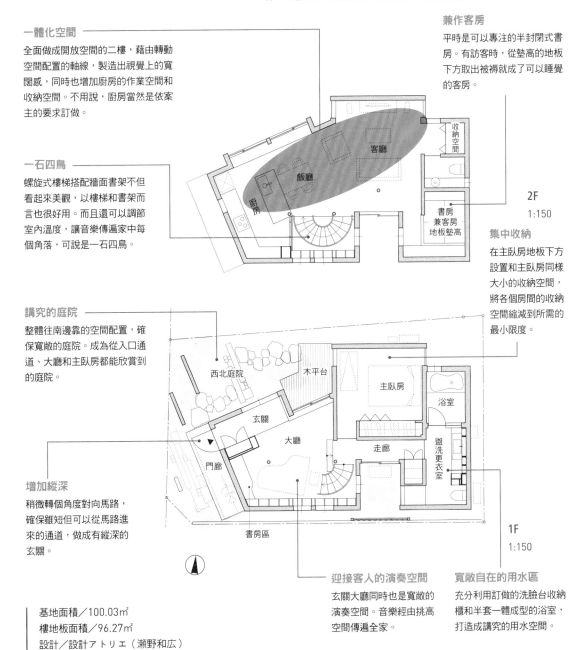

收納空間

客廳

飯廳

廚房

2F
1:150

書房兼客房地板墊高

西北庭院

木平台

主臥房

浴室

玄關

大廳

走廊

盥洗更衣室

門廊

書房區

1F
1:150

迎接客人的演奏空間

玄關大廳同時也是寬敞的演奏空間。音樂經由挑高空間傳遍全家。

寬敞自在的用水區

充分利用訂做的洗臉台收納櫃和半套一體成型的浴室，打造成講究的用水空間。

基地面積／100.03㎡
樓地板面積／96.27㎡
設計／設計アトリエ（瀬野和広）
案名／SUKIMACHI空間配置

004

生活重心
在二樓
也能欣賞
庭園樹木的家

　　蓋在狹小基地上的五口之家。考慮到日照的關係，所以將起居空間移到二樓。但因為案主提出「希望從屋子望出去可以看到樹」的要求，於是將二樓的LDK設計成不論從哪個角度都能望見中庭裡的櫸樹。在寬廣的露台上則可邊賞樹邊享受戶外生活。極力減少走廊等非必要的空間，以二樓為生活重心傳遞家人動靜的愉快住家。

前提條件
家庭成員：夫妻＋小孩3人
基地條件：基地面積65.47㎡
　　　　　建蔽率60%、容積率160%
　　　　　面寬不到6m的矩形基地。
案主的主要要求
• 要有三間兒童房
• 要能感覺到家人的動靜
• 希望盡量採用拉門
• 希望從室內望出去看到樹木
• 希望有戶外烤肉區

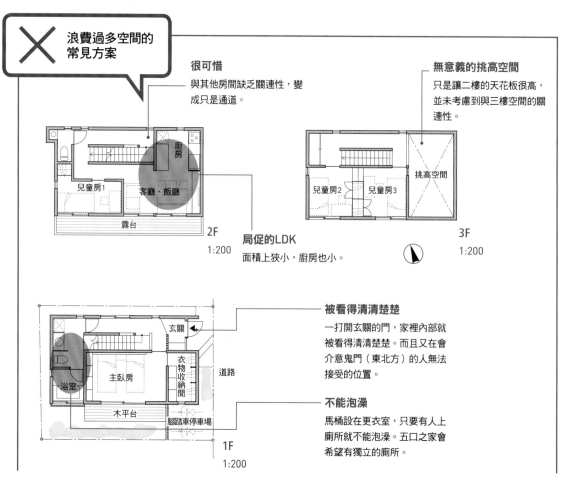

浪費過多空間的常見方案

很可惜
與其他房間缺乏關連性，變成只是通道。

無意義的挑高空間
只是讓二樓的天花板很高，並未考慮到與三樓空間的關連性。

局促的LDK
面積上狹小，廚房也小。

被看得清清楚楚
一打開玄關的門，家裡內部就被看得清清楚楚。而且又在會介意鬼門（東北方）的人無法接受的位置。

不能泡澡
馬桶設在更衣室，只要有人上廁所就不能泡澡。五口之家會希望有獨立的廁所。

2F　1:200
3F　1:200
1F　1:200

讓樓梯靠牆邊，極力不製造出走廊

右：二樓LDK。從任何角度都能看見中庭的欅樹
下：兒童房1。利用天花板挑高連通閣樓和客廳

攝影：石井雅義（三幀皆是）

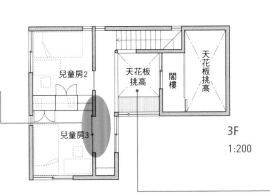

3F
1:200

可使用更大空間
兒童房3是長男的房間。若拉門全開，走廊也會變成房間的一部分。

有效果的挑高空間
在客廳也能感覺到孩子的動靜。不僅是兒童房2和3，與兒童房1的閣樓也相通。

2F
1:200

聚會空間
寧靜的飯廳。客人多時就把桌子搬到客廳。

可以欣賞院子裡的大樹
從LDK的各個角落都看得見欅樹，因為視線能穿透，空間感覺起來比實際要大。

當作第二個客廳
寬大的露台。平時是曬衣場，天氣好的假日則當作戶外客廳使用。

1F
1:200

位置僻靜可安眠
主臥房設在離馬路最遠的位置。可以不用擔心車聲安穩地睡覺。

小巧&功能性佳
緊鄰著玄關設置衣帽間。並加裝拉門做成風除室。

基地面積／65.47㎡
樓地板面積／93.79㎡
設計／U設計室（落合雄二）
案名／世田谷之家

減緩對街道形成壓迫的建築形式，色調素雅的外牆。加上有縱深的入口通道和植栽，使房子悄悄地融入整個街景。

主要窗戶分別面向兩座小庭院，打開窗戶室內室外即連成暢快的生活空間，同時又能保護隱私。廚房、飯廳、中庭彷彿連成一體。看樣子，未來期盼中的小型烹飪工作室也會充滿歡樂的氣氛。

前提條件
家庭成員：夫妻＋小孩1人
基地條件：基地面積112.33㎡
建蔽率60%、容積率100%
轉角上幾近正方形的基地。雖然位於寧靜的住宅區，但前面道路的交通流量很大。

案主的主要要求
• 房子的外觀融入街景
• 考慮到道路側的隱私問題
• 將來想開設烹飪工作室

05
充分運用
轉角地特性
同時保有綠意的
狹小格局

× 看不到針對狹小
轉角地的特別設計

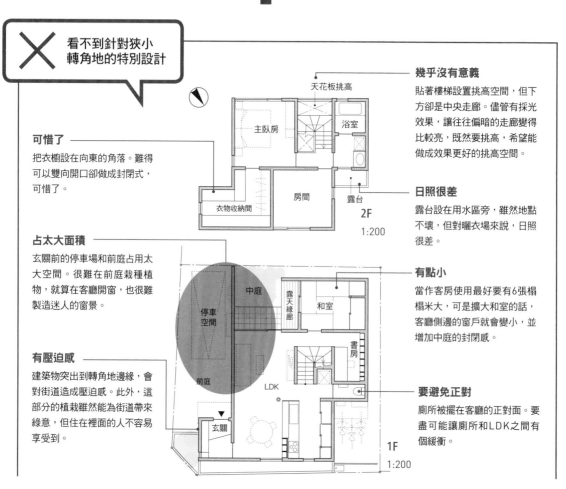

天花板挑高

幾乎沒有意義
貼著樓梯設置挑高空間，但下方卻是中央走廊。儘管有採光效果，讓往往偏暗的走廊變得比較亮，既然要挑高，希望能做成效果更好的挑高空間。

可惜了
把衣櫥設在向東的角落。難得可以雙向開口卻做成封閉式，可惜了。

主臥房　浴室

衣物收納間　房間

露台

2F
1:200

占太大面積
玄關前的停車場和前庭占用太大空間。很難在前庭栽種植物，就算在客廳開窗，也很難製造迷人的窗景。

中庭　露天緣廊　和室

停車空間

書房

前庭　LDK

有壓迫感
建築物突出到轉角地邊緣，會對街道造成壓迫感。此外，這部分的植栽雖然能為街道帶來綠意，但住在裡面的人不容易享受到。

玄關

日照很差
露台設在用水區旁，雖然地點不壞，但對曬衣場來說，日照很差。

有點小
當作客房使用最好要有6張榻榻米大，可是擴大和室的話，客廳側邊的窗戶就會變小，並增加中庭的封閉感。

要避免正對
廁所被擺在客廳的正對面。要盡可能讓廁所和LDK之間有個緩衝。

1F
1:200

省去不必要的空間，增加變化

左：二樓主臥房。在保護隱私的同時又可欣賞中庭的綠意
右：一樓LDK。全部打通、布局緊湊的空間。照片中央看到的拱門是通往和室的入口

可享受綠意

從作為兒童房用的房間可欣賞到前庭的綠意。而且位置離馬路比較遠，成了能讓人靜下心的房間。

明亮的露台

成為曬衣場的露台位在面東南、明亮的地方。北側設有翼牆，從馬路那一頭不容易看到。

連成一體的空間

廚房到飯廳再到中庭連成一體，成為暢快的空間。此外，客廳和飯廳雖然打通，但用較大的電視櫃區隔開，擁有各自的活動空間。

適合當作客房的6張榻榻米大小

在LDK旁確保足夠寬敞的和室。縮小出入口和LDK產生距離感，而且擁有與飯廳氣氛大異其趣、寧靜的露天緣廊和中庭，給人獨立房間的感覺。

配置得當

把不需要大片窗戶的衣櫥配置在沒有景觀的基地後方。

沒有走道的完整空間

消除不必要的動線，布置得很緊湊的LDK。各個空間既寬闊又有整體感。廁所設在盥洗室內，從LDK不會直接看到廁戶的門。

若即若離

沿樓梯上到二樓，樓梯口旁就是書房。樓梯口限制了視野，加上地板墊高，使得書房與生活空間形成若即若離的關係，成為寧靜的空間。

寬敞的前庭

在客廳的窗邊設置沙發，以便親近前庭的植栽，做成沉靜的靠窗區。從入口通道、玄關的穿堂和客廳都能望見前庭的植栽，並可遮擋路人的視線。

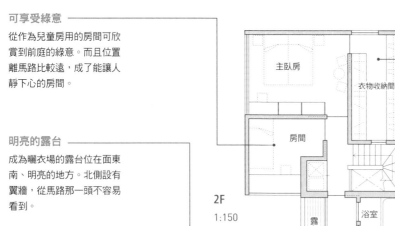

2F
1:150

主臥房
衣物收納間
房間
浴室
露台

中庭
平台
飯廳
廚房
露天緣廊
壁櫥
盥洗室
和室
客廳
置物間
穿堂
書房
玄關
停車空間
前庭
門廊
後院

1F
1:150

基地面積／112.33㎡
樓地板面積／112.39㎡
設計／オノ・デザイン建築設計事務所（小野喜規）
案名／櫻坂之家

面向十字路口

把路邊轉角做成停車空間，就不會對街道造成壓迫感。

15

006
小巧思的累積
使宜居性倍增

案主的老家和手足的住宅就位在基地後方，於是設計一個大平台，作為三戶人家的聚會場所。

為了可以由前面道路直接通到平台，將建築物分割成兩棟。設計成各自不同的樓高，有天花板高的房間也有小房間等，為空間增添變化。房子雖小，卻具有連繫三家人情感的重大功用。

前提條件
家庭成員：夫妻
基地條件：基地面積100.00㎡
　　　　　建蔽率40%、容積率80%
　　　　　平坦，形狀有如平行四邊形。

案主的主要要求
- 以夏威夷為設計意象
- 又希望有北歐的感覺
- 希望有間小書房

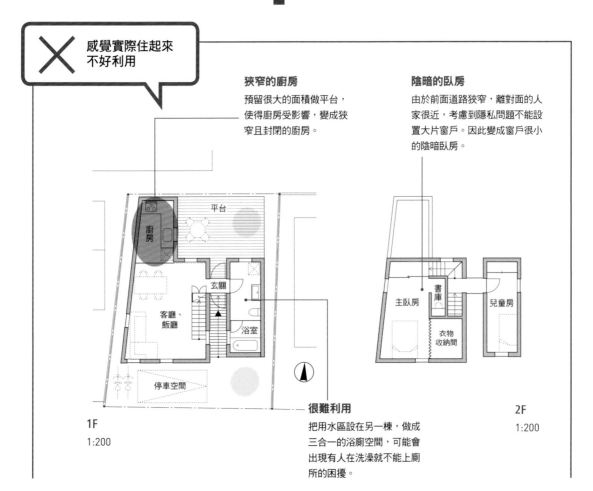

✕ 感覺實際住起來不好利用

狹窄的廚房
預留很大的面積做平台，使得廚房受影響，變成狹窄且封閉的廚房。

陰暗的臥房
由於前面道路狹窄，離對面的人家很近，考慮到隱私問題不能設置大片窗戶。因此變成窗戶很小的陰暗臥房。

平台

廚房

玄關

浴室

客廳、飯廳

停車空間

主臥房

書庫

兒童房

衣物收納間

很難利用
把用水區設在另一棟，做成三合一的浴廁空間，可能會出現有人在洗澡就不能上廁所的困擾。

1F
1:200

2F
1:200

以好用與否以及
室內環境優先

左：正面外觀。右棟是用水區和
兒童房

右：二樓的臥房和靠道路側的陽
台。陽台牆上的窗戶雖小，但光
線會從上方照進來，所以室內很
明亮

攝影：吉田誠（三幀皆是）

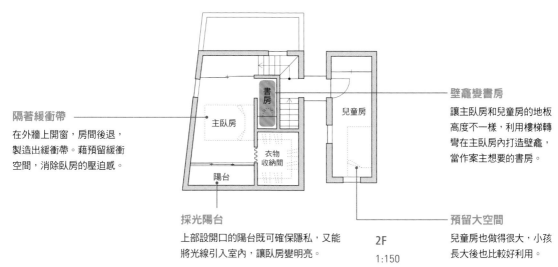

隔著緩衝帶
在外牆上開窗，房間後退，
製造出緩衝帶。藉預留緩衝
空間，消除臥房的壓迫感。

採光陽台
上部設開口的陽台既可確保隱私，又能
將光線引入室內，讓臥房變明亮。

主臥房

書房

兒童房

衣物收納間

陽台

2F
1:150

壁龕變書房
讓主臥房和兒童房的地板
高度不一樣，利用樓梯轉
彎在主臥房內打造壁龕，
當作案主想要的書房。

預留大空間
兒童房也做得很大，小孩
長大後也比較好利用。

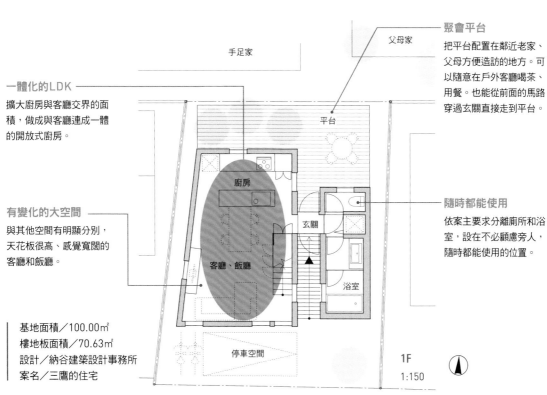

一體化的LDK
擴大廚房與客廳交界的面
積，做成與客廳連成一體
的開放式廚房。

有變化的大空間
與其他空間有明顯分別，
天花板很高、感覺寬闊的
客廳和飯廳。

手足家

父母家

平台

廚房

玄關

客廳、飯廳

浴室

聚會平台
把平台配置在鄰近老家、
父母方便造訪的地方。可
以隨意在戶外客廳喝茶、
用餐。也能從前面的馬路
穿過玄關直接走到平台。

隨時都能使用
依案主要求分離廁所和浴
室，設在不必顧慮旁人，
隨時都能使用的位置。

基地面積／100.00㎡
樓地板面積／70.63㎡
設計／納谷建築設計事務所
案名／三鷹的住宅

停車空間

1F
1:150

007

利用天花板挑高使整個家變成一個大空間，全家都高興的格局

蓋在寧靜住宅區轉角的住宅。利用天花板挑高連結一樓的LDK、二樓的第二客廳和閣樓，視為一個大房間，以打造日常生活能時時感覺到家人動靜的空間為目標。

案主愛好大自然，因此全面採用紅雪松作外牆，用棚架遮擋夏季的陽光，並爬滿藤蔓增添綠意。預留廣闊的平台空間，假日還能邀約住在對面的雙親和朋友等人來家裡烤肉之類的，享受戶外生活的樂趣。

前提條件
家庭成員：夫妻＋小孩3人
基地條件：基地面積176.36㎡
　　　　　建蔽率70%、容積率100%
　　　　　寧靜住宅區的轉角地。屋主的老家位在基地南側。

案主的主要要求
• 孩子也住得快樂的家
• 希望有廣闊的平台空間、柴爐
• 三間兒童房

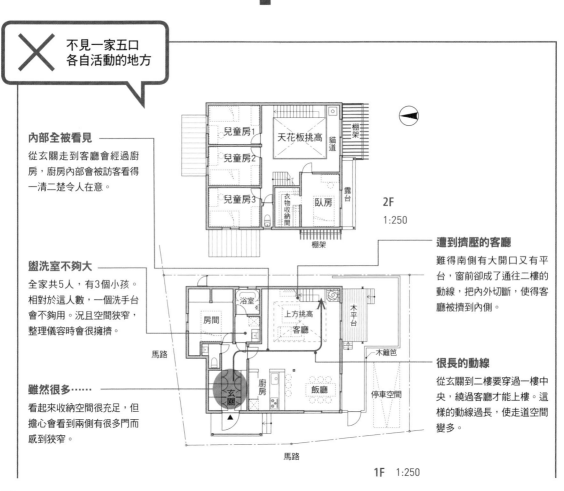

✕ 不見一家五口各自活動的地方

內部全被看見
從玄關走到客廳會經過廚房，廚房內部會被訪客看得一清二楚令人在意。

盥洗室不夠大
全家共5人，有3個小孩。相對於這人數，一個洗手台會不夠用。況且空間狹窄，整理儀容時會很擁擠。

雖然很多……
看起來收納空間很充足，但擔心會看到兩側有很多門而感到狹窄。

遭到擠壓的客廳
難得南側有大開口又有平台，窗前卻成了通往二樓的動線，把內外切斷，使得客廳被擠到內側。

很長的動線
從玄關到二樓要穿過一樓中央，繞過客廳才能上樓。這樣的動線過長，使走道空間變多。

2F 1:250

兒童房1・兒童房2・兒童房3・天花板挑高・貓道・棚架・露台・衣物收納間・臥房

1F 1:250

房間・浴室・上方挑高・客廳・木平台・木籬笆・馬路・玄關・廚房・飯廳・停車空間

◎ 整頓動線
並增設第二客廳

從閣樓俯看。第二客廳裡與柴爐煙囟並立的是一根竿子，孩子們會沿著竿子從閣樓溜下來

一樓客廳的大挑高空間。二樓看得到護欄的部分是第二客廳

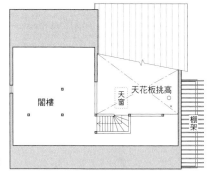

閣樓

天花板挑高

天窗

閣樓

棚架

閣樓
1:200

兒童房1

兒童房2

天花板挑高

貓道

棚架

第二客廳

另一個生活空間
沿著二樓的挑高空間設置如廣場般的第二客廳。相較一樓的客廳稍微簡略，成為另一個全家人的生活空間。

兒童房3

衣物收納間

臥房

露台

2F
1:200

棚架

抓住孩童的心
二樓與閣樓不只靠樓梯相連，更加裝爬竿，增加令孩童心情雀躍的元素。

明亮的客廳
把柴爐設在客廳和飯廳之間，而讓樓梯貼近用水區，使客廳往木平台靠近，形成內外一體的明亮空間。

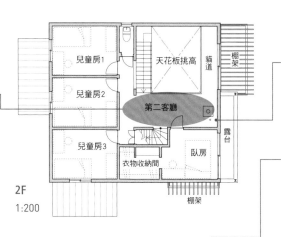

浴室

房間

上方挑高

木平台

客廳

避免擁塞的設想
保留較大的盥洗更衣空間，並配備兩座洗手台。減少一家五口早上擁塞的情況，同時消除壓迫感。

馬路

木籬笆

也可以烤肉
在客廳前設置寬廣的平台，再用木籬笆圍起來，做成私人的戶外遊樂空間。還可以邀約住在對面的雙親和朋友來家裡烤肉。

儲物間

飯廳

玄關收納空間
在玄關旁設置鞋櫃和儲物間。徹底收納一家五口的鞋子等物品，讓玄關變清爽。

鞋子收納間

玄關

廚房

停車空間

基地面積／176.36㎡
樓地板面積／144.04㎡
設計／こぢこぢ一級建築士事務所
　　　（小嶋良一）
案名／FUN！HOUSE！

1F
1:200

馬路

雙動線很方便
進入玄關後除了經過穿堂前往LDK這條動線之外，還有一條直接通往廚房的動線。購物回到家可以從玄關直接把貨物搬進廚房。

基地條件

可變性

採光

人與人的交流

借景

動線

訪客

隱私

收納

特殊房間

多世代

出租

19

008

二樓LDK的
コ型規劃
營造出內外一體的
暢快感

　　蓋在四周住家環繞的旗竿型基地、夫妻兩人與4隻貓的家。因住宅密集，考量窗外的風景和視線，因而提出コ型的空間配置方案，並在一樓和二樓分別設置具有不同功能的私密平台。所有房間都面向平台，所以有採光又通風，還可借景鄰家的綠樹，與戶外空間暢快地連成一氣。利用回遊動線讓人不會覺得狹隘，感覺比實際面積要寬闊。

前提條件
家庭成員：夫妻＋4隻貓
基地條件：基地面積159.74㎡
　　　　　建蔽率60%、容積率150%
　　　　　面寬3m、深13m的旗竿狀變形基地。四周住家環繞，但可借景西南側鄰宅植栽的綠意。
案主的主要要求
• 寬敞舒適，能夠放鬆的客廳
• 希望和貓咪們快樂地一起生活
• 開放式，可以不必在意別人視線打開窗戶的家

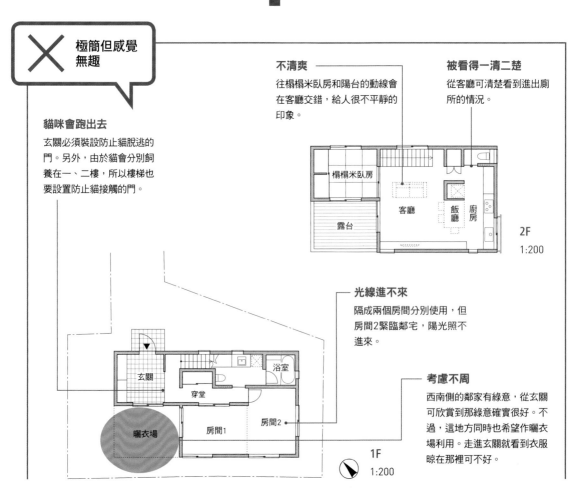

✕ 極簡但感覺無趣

貓咪會跑出去
玄關必須裝設防止貓脫逃的門。另外，由於貓會分別飼養在一、二樓，所以樓梯也要設置防止貓接觸的門。

不清爽
往榻榻米臥房和陽台的動線會在客廳交錯，給人很不平靜的印象。

被看得一清二楚
從客廳可清楚看到進出廁所的情況。

光線進不來
隔成兩個房間分別使用，但房間2緊臨鄰宅，陽光照不進來。

考慮不周
西南側的鄰家有綠意，從玄關可欣賞到那綠意確實很好。不過，這地方同時也希望作曬衣場利用。走進玄關就看到衣服晾在那裡可不好。

榻榻米臥房　客廳　飯廳　廚房　露台

2F
1:200

玄關　穿堂　浴室　房間1　房間2　曬衣場

1F
1:200

利用ㄇ型平面
和回遊動線
為生活增添變化

左：二樓露台。借景鄰家的綠意、舒爽的第二客廳
右：二樓LDK。寬廣的客廳可做各種利用

隱蔽的場所

把廁所設在稍微遠離飯廳和客廳、不容易看見的位置。可以不必顧慮旁人地去上廁所。

沒有壓力

圍繞著飯廳和收納空間的回遊動線。沒有盡頭，到哪裡都方便，因此不會造成壓力。

寬敞的空間

當作客廳的延伸的備用空間，可以在那裡與貓咪玩耍、做瑜伽或伸展操。

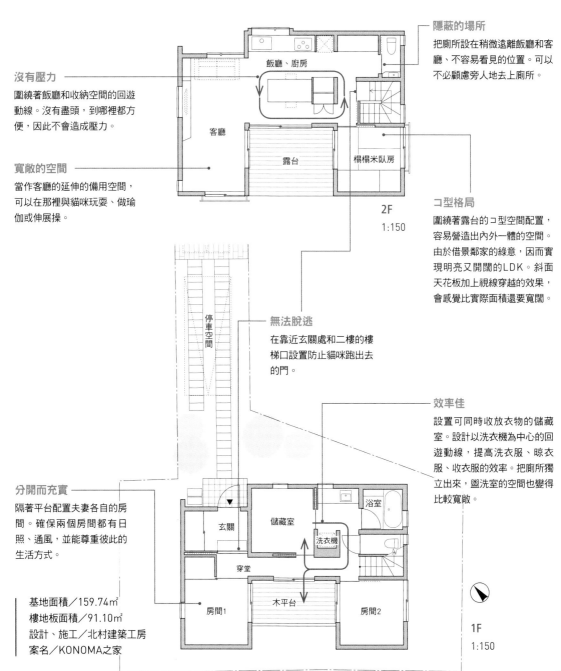

飯廳、廚房

客廳

露台

榻榻米臥房

2F
1:150

ㄇ型格局

圍繞著露台的ㄇ型空間配置，容易營造出內外一體的空間。由於借景鄰家的綠意，因而實現明亮又開闊的LDK。斜面天花板加上視線穿越的效果，會感覺比實際面積還要寬闊。

無法脫逃

在靠近玄關處和二樓的樓梯口設置防止貓咪跑出去的門。

效率佳

設置可同時收放衣物的儲藏室。設計以洗衣機為中心的回遊動線，提高洗衣服、晾衣服、收衣服的效率。把廁所獨立出來，盥洗室的空間也變得比較寬敞。

分開而充實

隔著平台配置夫妻各自的房間。確保兩個房間都有日照、通風，並能尊重彼此的生活方式。

停車空間

玄關

儲藏室

浴室

洗衣機

穿堂

木平台

房間1

房間2

1F
1:150

基地面積／159.74㎡
樓地板面積／91.10㎡
設計、施工／北村建築工房
案名／KONOMA之家

009

雙薪家庭
利用平面形狀
打造輕鬆自在的
庭院

東西狹長、分塊出售的土地。案主期盼有個日照佳、通風良好的家。

由於位在仰賴汽車代步的地區，基本上預留兩台通勤用和兩台訪客用，合計共四台車的停車空間。並考慮房子與鄰地和庭院的關係，及南側人家的影子，在房子的縱深和形狀上下工夫，將房子規劃成L型，打造不必在意來自西側道路視線的大庭院。此外，由於是雙薪家庭，對家事動線的規劃十分講究，做成未來只用一樓即可過生活的家。

前提條件
家庭成員：夫妻＋小孩2人
基地條件：基地面積264.57㎡
建蔽率60%、容積率200%
東西狹長的基地，東南部很明亮。由於是分塊出售的土地，隱私令人擔心。
案主的主要要求
• 明亮且通風良好，舒適自在的空間
• 效率好的家事動線
• 希望確保隱私

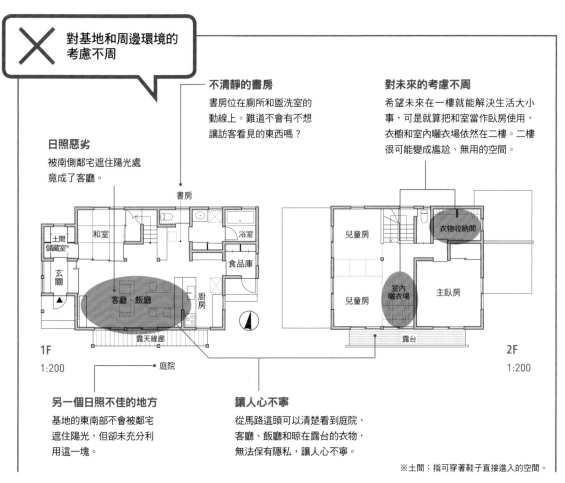

對基地和周邊環境的考慮不周

不清靜的書房
書房位在廁所和盥洗室的動線上。難道不會有不想讓訪客看見的東西嗎？

對未來的考慮不周
希望未來在一樓就能解決生活大小事，可是就算把和室當作臥房使用，衣櫥和室內曬衣場依然在二樓。二樓很可能變成尷尬、無用的空間。

日照惡劣
被南側鄰宅遮住陽光處竟成了客廳。

書房

和室　　浴室

土間儲藏室　　食品庫

玄關

客廳、飯廳　　廚房

露天緣廊

1F　1:200

兒童房　　衣物收納間

室內曬衣場　　主臥房

兒童房

露台

2F　1:200

另一個日照不佳的地方
基地的東南部不會被鄰宅遮住陽光，但卻未充分利用這一塊。

庭院

讓人心不寧
從馬路這頭可以清楚看到庭院、客廳、飯廳和晾在露台的衣物，無法保有隱私，讓人心不寧。

※土間：指可穿著鞋子直接進入的空間。

被保護的庭院和有效率的動線，住起來更愜意

從庭院後方看過去。把建築物配置成L型，阻斷來自馬路的視線，確保庭院的私密性

來自上方的光線
從天窗灑下的光線讓經常偏暗的盥洗室變成明亮的空間。光線也讓走廊變亮了。

日照極佳
面南的兒童房日照極佳。在孩子還小時當作大遊戲場使用，之後用簡單的牆馬上就能隔間。

有如藏身處所
配置在二樓深處避開訪客視線，有如藏身處所的書房。全家人都可使用。

兒童房　兒童房　書房

露台

2F
1:150

方便的曬衣場
善用離洗衣機很近、位於臥房前的緣廊作為室內曬衣場。走出木平台則是戶外曬衣場。木平台有玻璃屋頂，不用擔心突然下雨。外出時或花粉紛飛的季節可以晾在室內。

放假日感覺像咖啡館
日照佳、通風良好的LDK與玄關、用水區和臥房區隔開來，成為更加寧靜祥和的空間。假日在寬廣的木平台上悠閒自在地眺望著私密的庭院，彷彿置身咖啡館。

玻璃屋頂

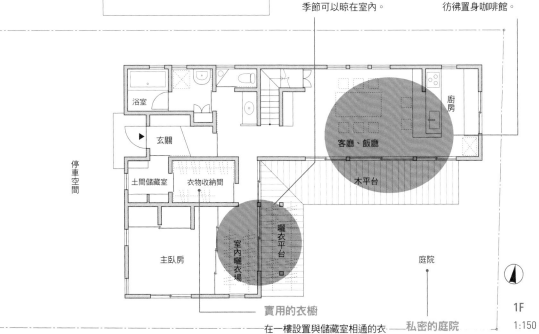

浴室　玄關　廚房

土間儲藏室　衣物收納間　客廳、飯廳

停車空間　木平台

曬衣平台

主臥房　室內曬衣場　庭院

1F
1:150

實用的衣櫥
在一樓設置與儲藏室相通的衣物收納間。離曬衣場又近，收衣服也輕輕鬆鬆。出門和回家時更衣打扮也很方便。

私密的庭院
把建築物配置成L型，阻斷來自馬路的視線。在不太受到鄰宅影響、日照良好的地方打造私密的庭院。

基地面積／264.57㎡
樓地板面積／114.27㎡
設計、施工／小林建設
案名／建於分塊出售土地上日照良好的L型住宅

010

從考慮到三方視線、圍起來的中庭採光

致力追求在近乎直角三角形的變形基地上打造「專屬這塊基地的家」。三面緊臨馬路，陽光很容易照進室內，尤以西側的景觀最為出色。但另一方面，裝設大片窗戶的話，室內會被完全被看光，因此前提是要考慮到隱私問題。

由於採用明亮、在家裡任何角落都能感知家人動靜的開放式格局，因此有圍牆保護的中庭平台便成了空間的重心。

前提條件
家庭成員：夫妻＋小孩2人
基地條件：基地面積141.77㎡
　　　　　建蔽率60%、容積率80%
　　　　　寧靜住宅區內，近乎直角三角形的基地。
　　　　　東、西兩面緊臨馬路，尤其是西側，可以看到煙火大會和富士山。
案主的主要要求
•一家人能快樂生活，不用在意遭周遭視線的家
•方便所有人一起下廚的廚房
•寬敞明亮的浴室

✕ 一、二樓被切斷，未徹底利用基地

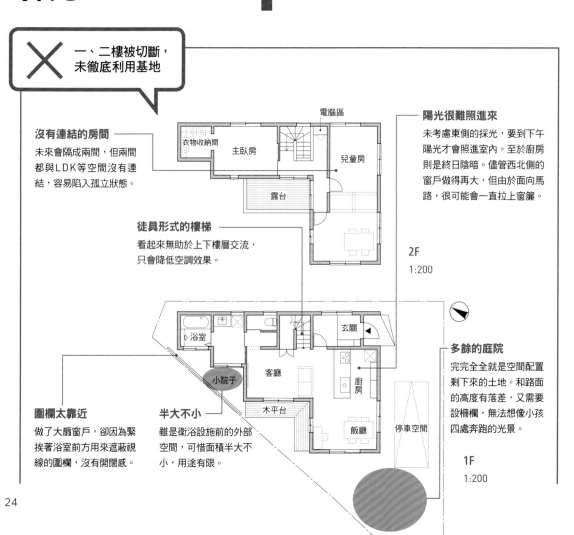

沒有連結的房間
未來會隔成兩間，但兩間都與LDK等空間沒有連結，容易陷入孤立狀態。

徒具形式的樓梯
看起來無助於上下樓層交流，只會降低空調效果。

電腦區
衣物收納間
主臥房
兒童房
露台

陽光很難照進來
未考慮東側的採光，要到下午陽光才會照進室內。至於廚房則是終日陰暗。儘管西北側的窗戶做得很大，但由於面向馬路，很可能會一直拉上窗簾。

2F
1:200

浴室
小院子
客廳
木平台
玄關
廚房
飯廳
停車空間

圍欄太靠近
做了大扇窗戶，卻因為緊挨著浴室前方用來遮蔽視線的圍欄，沒有開闊感。

半大不小
雖是衛浴設施前的外部空間，可惜面積半大不小，用途有限。

多餘的庭院
完完全全就是空間配置剩下來的土地。和路面的高度有落差，又需要設柵欄，無法想像小孩四處奔跑的光景。

1F
1:200

自中庭
和二樓採光，
讓光亮遍布全家

左：從二樓的兒童房看自由空間

右：一樓的廚房、飯廳和中庭。中庭有圍牆保護，是私密的戶外空間

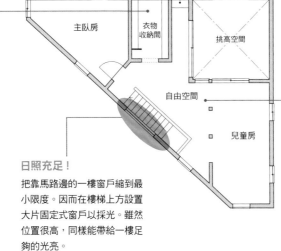

大容量，清清爽爽
全家共用的大衣物間。不僅收放衣物，還可以當作日用品、玩具等雜物收納空間，讓生活清爽舒適。

家庭菜園！
乍看覺得北側角落日照不佳，但讓建築物往西側靠，東側當作停車空間之後，北側的角落便開闊起來，因此也確保全天都有來自南邊的日照。可以和孩子一起享受種菜的樂趣！

日照充足！
把靠馬路邊的一樓窗戶縮到最小限度。因而在樓梯上方設置大片固定式窗戶以採光。雖然位置很高，同樣能帶給一樓足夠的光亮。

觀賞煙火大會！
夏天可透過樓梯旁的大窗戶欣賞煙火的自由空間。孩子還小時可與兒童房合起來利用，當作大型遊樂場。

電腦區
主臥房
衣物收納間
挑高空間
自由空間
兒童房

2F
1:150

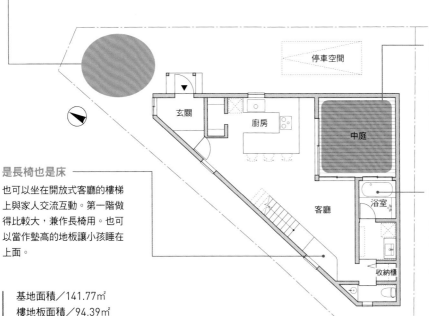

被保護的庭院
四周有圍牆的中庭除了是孩子的遊戲區，當然可以作曬衣場用。這裡隨時有陽光，為家裡帶來光亮。實現不需要窗簾的生活。

是長椅也是床
也可以坐在開放式客廳的樓梯上與家人交流互動。第一階做得比較大，兼作長椅用。也可以當作墊高的地板讓小孩睡在上面。

露天浴池氛圍
向著有圍牆的中庭敞開的浴室。即使是住宅稠密區也能享受露天泡澡般的感覺。在中庭水池玩耍的小孩也可以從窗戶跳進浴室。

停車空間
玄關
廚房
中庭
客廳
浴室
收納櫃

基地面積／141.77㎡
樓地板面積／94.39㎡
設計、施工／オガワホーム
案名／O邸

1F
1:150

011
利用三座庭院
引入光線和風，
讓室內充滿情趣
又寬闊

位於東京郊外的住宅。並附設男主人的工作空間。向南、採光條件良好的基地。為了引入大量的光線和風，設置了三座庭院。

三座庭院分別設在南側、東北和西北，因此使得北側變明亮、南北向空氣流通。同時確保從LDK的中央可以眺望南邊、東北和西北三座庭院，打造猶如籠罩在光亮中的空間。從浴池和榻榻米區也能欣賞庭園景致。

前提條件
家庭成員：夫妻
基地條件：基地面積127.75㎡
建蔽率40%、容積率80%
面寬約8m，南邊有馬路的基地。採光條件良好。
案主的主要要求
• 希望有陽台等外部空間
• 希望有工作區
• 可以和2隻愛犬共同生活的家

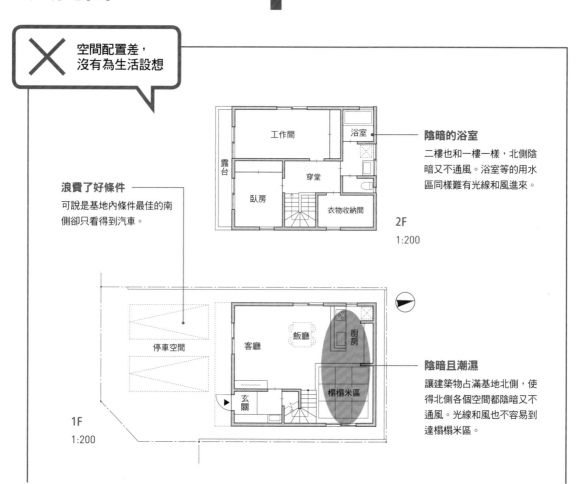

✕ 空間配置差，沒有為生活設想

陰暗的浴室
二樓也和一樓一樣，北側陰暗又不通風。浴室等的用水區同樣難有光線和風進來。

浪費了好條件
可說是基地內條件最佳的南側卻只看得到汽車。

陰暗且潮濕
讓建築物占滿基地北側，使得北側各個空間都陰暗又不通風。光線和風也不容易到達榻榻米區。

工作間
浴室
露台
穿堂
臥房
衣物收納間
2F
1:200

停車空間
客廳
飯廳
廚房
榻榻米區
玄關
1F
1:200

藉由打造外部空間
讓生活有閒情

上：馬路側的外觀。在停車空間旁築起木造圍籬，以免木平台和客廳被人看得一清二楚
右：從客房看向飯廳和客廳。視線可以穿透得很遠

攝影：見學友宙（三幀皆是）

僅引入想要的光線
露台做成稍微內縮的形狀，以避開夏季的陽光，同時將明亮的光線引入室內。

籠罩在自然光和綠意中
從LDK的中央可眺望南邊、東北和西北三座庭院，有如籠罩在自然光和綠意之中。

享受戶外
設置與客廳相連的寬廣木平台，為客廳帶來寬闊感。

明亮的樓梯
東北邊設庭院，連經常偏暗的樓梯也變成明亮又通風的暢快空間。

2F
1:150

露台　工作間　浴室　穿堂　臥房

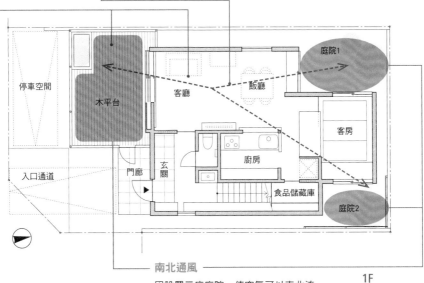

1F
1:150

停車空間　木平台　客廳　飯廳　庭院1　客房　入口通道　門廊　玄關　廚房　客房　食品儲藏庫　庭院2

南北通風
因設置三座庭院，使空氣可以南北流通，同時讓北側的客房明亮起來。而且不論從LDK、客房或二樓的浴室等各個角落，都能欣賞到庭園景致。

基地面積／127.75㎡
樓地板面積／97.93㎡
設計／佐久間徹設計事務所
案名／小金井綠町之家

012

四周環繞住家 依然明亮的 開放式 天井住宅

目前西、北兩側都是雜樹林，將來一旦開發變更為住宅用地，就會是四周被住家包圍的旗竿型基地。因此必須解決兩個互相對立的課題——既要遮蔽四周的視線，又要確保以後陽光照得進來。在從主要道路只能看到玄關附近的前提下，力求打造簡單、漂亮的建築外觀。

設計師應案主希望孩子能無拘無束成長的要求，構思出有如兒童遊樂場的空間配置。將外部空間納入規劃，有效地加以利用，成為開放式的明亮住家。

前提條件
家庭成員：夫妻＋小孩1人（希望再添1人）
基地條件：基地面積150.06㎡
　　　　　建蔽率60%、容積率180%
　　　　　旗竿型基地。竿子部分4m多。西、北兩
　　　　　側為雜樹林，未來有可能開發。
案主的主要要求
• 孩子在家中四處奔跑的意象
• 希望未來也有充足的採光
• 寬敞明亮的浴室、明亮且通風的用水區

✕ 毫無設想基地四周環繞住家的特性

沒有特色的玄關
沒有任何會吸引訪客注意的效果，而且視線混雜，既可以看到木平台，又可以看到客廳等私密空間。

無效的挑高空間
難得天花板挑高，卻未連接二樓的房間。可以與二樓中央連通，讓走廊縮到最小限度雖然很好，可是這樣一來挑高空間便失去作用。

只有空間利用效率
整體浴室的窗戶很小，有壓迫感。衛浴空間也壓縮到極限，陰暗且通風不良。

浴室

玄關

停車空間

廚房

飯廳

客廳

木平台

兒童房

天花板挑高

衣物收納間

主臥房

露台

2F
1:200

1F
1:200

意義不明的空間
LDK前方半大不小的空間。放置物櫃的話就糟蹋了從客廳望出去的景觀。將來若西側蓋起房子，很可能會照不到太陽。

南面的大窗戶
從外面看，連客廳深處都看得一清二楚。看樣子平時應該會一直緊閉著窗簾。

洗衣動線過長
提著沉重的洗衣籃爬上樓梯，經過四道門，到達二樓的露台。這約17m長的動線對每天的生活是相當大的負擔。

利用平台和挑高空間
讓自然光傳遍室內

超群的開闊感！
感受來自西、南兩個方向的挑高空間，將東側景觀盡收眼底的兒童遊戲區，擁有出類拔萃的開闊感。走道部分採用金屬格柵，與一樓的生活空間也有連結。將來想做成獨立房間時再以適當的隔間處理。

讓廚房和飯廳的餐桌連成一體，成為家人自然聚集的場所

可玩樂的露台
洗好的衣服可以晾在一樓，所以這裡可以隨意利用，曬棉被或是乘涼，還能與樓下的平台做互動。是外面的人看不到，可輕鬆休息的外部空間。

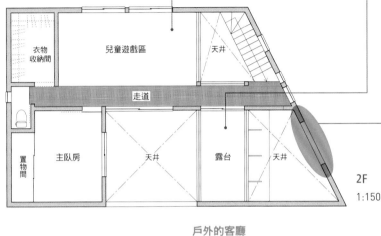

衣物收納間

兒童遊戲區

天井

走道

置物間

主臥房

天井

露台

天井

2F
1:150

雖小但足夠
從入口通道可以看得一清二楚的一樓南側窗戶很小。不過天井上方也有窗戶，所以一樓的光線很充足。

和睦共度的場所
與飯廳餐桌連成一體做成ㄇ型的廚房。一家人自然地圍著大餐桌聚在一起用餐，做功課、玩遊戲也在這裡。餐桌下方並設有收納空間，還有食品儲藏庫，可以收拾得有條不紊。

戶外的客廳
有牆壁包圍的平台宛如戶外的客廳。不僅可以當作曬衣場，在夏天時還可以擺放戲水池、享受烤肉樂趣，白色的牆面也能作為家庭劇場使用，用途多元。

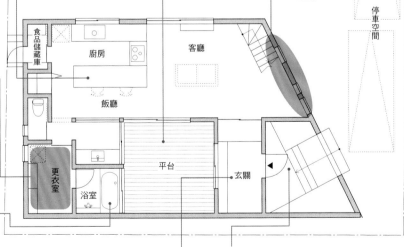

食品儲藏庫

廚房

客廳

飯廳

更衣室
與盥洗室分離、專作更衣室用的房間，也收放全家人的衣物。入浴時脫下的衣物可直接扔進洗衣機洗，再經由浴室拿到平台晾。

更衣室

浴室

平台

玄關

停車空間

1F
1:150

露天浴池的氛圍
浴室面向隱密的中庭帶來開闊感，有露天浴池般的感覺。夏天還可以邊觀星邊泡澡。

基地面積／150.06㎡
樓地板面積／101.10㎡
設計、施工／オガワホーム
案名／天窗 住宅博覽會樣品屋

置身戶外般的玄關
一進門，眼前便是寬闊的平台，明亮的玄關有如置身戶外一般。保留很大一片土間，可停放腳踏車和嬰兒車。

看得見卻又看不見
牆面斜立，好讓人從馬路這頭看見建築物的立面。但因玄關向內凹，所以從馬路望去只看得見入口通道，看不見玄關。

013
利用大平台
隱藏高低差，
家人聲息相通的
住宅

盡可能地抑制成本，同時巧妙地利用和道路間約1.8m的高低差。

在停車場上方搭造木平台，與可環繞基地中央丘狀庭園的木平台相連。將建築物配置成L型，在院子裡勞動的丈夫、在平台上四處奔跑的孩子、整理家務的妻子，所有家人都可感知彼此的動靜。此外，一部分木平台有屋頂遮蔽，除了可以當作曬衣場，還可以在戶外用餐，同時也是連結和室與LDK的緩衝帶。

前提條件
家庭成員：夫妻＋小孩1人
基地條件：基地面積244.97㎡
　　　　　建蔽率60%、容積率200%
　　　　　高出路面約1.8m的基地。周邊還有農田
　　　　　之類的，為恬靜的新興住宅區。
案主的主要要求
• 善用高低差的規劃案（希望降低成本）
• 希望在任何角落都能感知家人的動靜
• 希望從各個角度都能欣賞到庭園景致

× 平庸之餘擔心
成本會增加

太過孤立
作為客房的和室設在偏僻的角落，又看不見庭院，給人太過隔絕的印象。

隱私堪慮
LDK面向庭院和平台大大敞開看似暢快，但會被路過的行人看得一清二楚。

缺乏連結
二樓的規劃很普通。與樓下毫無連結，平庸且無趣。

浴室
壁櫥
和室
穿堂
玄關
儲藏室
廚房
客廳
飯廳
木平台
停車空間

主臥房
兒童房
露台

2F
1:250

成本會增加
獨立規劃的停車空間，但需要建造擋土牆，會增加成本。

1F
1:250

將基地的高低差變成「好玩有趣的外部空間」

左：從和室往LDK的方向看。兩邊隔著有屋頂遮蔽的平台互通聲息

右：道路側外觀。停車空間也納入木平台下，讓人感覺不到高低差

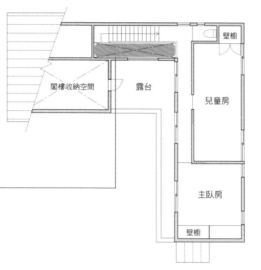

閣樓收納空間　露台　壁櫥　兒童房　主臥房　壁櫥

2F 1:200

以挑高空間連通
樓梯旁留大一點的空間做成挑高空間，讓兒童房與樓下能互通聲息。

有屋頂的曬衣場
將寬廣的木平台一角做成有屋頂的曬衣場。離洗衣機很近，洗衣、晾曬再收進和室摺好，可以想見這條家事動線會很有效率。

感覺得到動靜
雖然是獨立的和室，但隔著外部的木平台與LDK相連。因此即使分隔開來依然感覺得到動靜，不會陷入孤立狀態。

可享受戶外生活
利用高低差，連停車場上方也搭建木平台，做成可以回遊的空間。從寬闊的木平台可以繞著中央的小丘欣賞到各式各樣的景致。

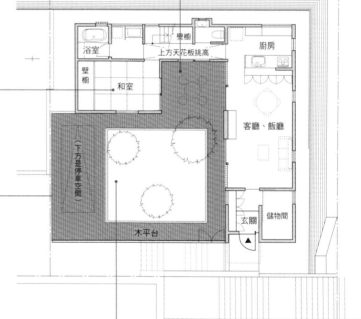

浴室　壁櫥　上方天花板挑高　廚房　壁櫥　和室　客廳、飯廳　（下方是停車空間）　木平台　玄關　儲物間

1F 1:200

抑制成本
利用原本的地形做成斜坡，減少建造擋土牆的費用。同時具有讓客廳往停車場、和室往道路等方向的視線可以穿透的效果。

基地面積／244.97㎡
樓地板面積／113.72㎡
設計、施工／中野工務店
案名／小丘上可回遊的木平台之家

014

從帶來光亮和風的中庭可以感知全家動靜的住宅

充分利用周邊環境豐沛綠意的住宅。設有中庭的口字型格局為室內帶來風和光亮。

讓日常生活空間的客廳、飯廳和私密的用水區隔著中庭配置,廚房則擺在中間地帶。客廳及飯廳夾在面前的廣大庭院和位於房子中央的中庭之間,成為一個開放式的大空間。從廚房可以看到客廳和飯廳,越過中庭還可看到玄關和樓梯。二樓的空間也圍繞著中庭配置,成為在家裡任何角落都能感知家人動靜、明亮又有益健康的住宅。

前提條件
家庭成員:夫妻+小孩2人
基地條件:基地面積189.81㎡
　　　　　建蔽率70%、容積率191.6%
　　　　　附近有公園和幼稚園的住宅用地。有眾多植物,能夠感受到季節變換、形狀方正的基地。
案主的主要要求
• 減少隔間,可感覺到家人動靜的住家
• 希望引入大量的自然光
• 足以應付家庭變動的收納空間

✕ 設想得不夠仔細

令人卻步
回家後要通過LDK才能到達盥洗室。由於是訪客眾多的家庭,要通過LDK會有點令人卻步。

未來如何隔間?
孩子還小時當作大遊戲場使用確實不錯,可是從走廊過來只有一個出入口,將來需要獨立的房間時要如何隔間?

1F
1:200

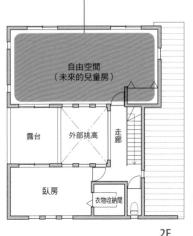

2F
1:200

整頓動線，
兼顧家人間的連結
和功能性

上：從廚房看中庭和客廳、飯廳。東北側的廚房也因為中庭的光線而變明亮
下：從馬路這頭看到的房子外觀。客廳及飯廳的前方有寬廣的草皮

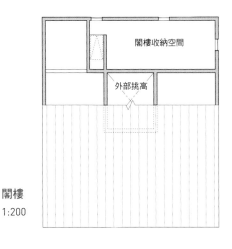

閣樓
1:200

（閣樓收納空間）
（外部挑高）

走廊也成了活動空間
一般被認為浪費空間的走廊。此設計案則將走廊視為各種用途的活動空間，保留較大的空間作走廊。而且越過中庭可以看到室內各個地方。

打造孩子的專屬空間
在二樓南側設置孩子的專屬空間。年紀還小時結合露台和走廊，成為孩子的遊戲場。

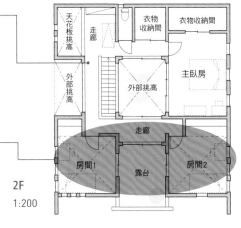

（天花板挑高 / 走廊 / 衣物收納間 / 衣物收納間 / 外部挑高 / 外部挑高 / 主臥房 / 走廊 / 房間1 / 露台 / 房間2）

2F
1:200

直通洗手間
將用水區集中配置在客廳、飯廳對面那一側。從玄關可以直通洗手間。

具有內玄關的功用
做成可以從鞋子收納間直接進入屋內，使其具有內玄關的功用。全家的鞋子都收進這裡，因此玄關能保持整潔清爽。

圍繞著中庭
以圍繞著中庭的口字型平面打造回遊動線，功能性佳。此外，中庭更讓風和光亮傳遍整個室內。

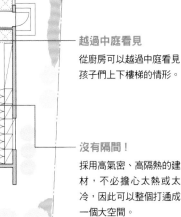

（上方天花板挑高 / 鞋子收納間 / 浴室 / 玄關 / 門廊 / 中庭 / 廚房 / 停車空間 / 客廳 / 飯廳）

越過中庭看見
從廚房可以越過中庭看見孩子們上下樓梯的情形。

沒有隔間！
採用高氣密、高隔熱的建材，不必擔心太熱或太冷，因此可以整個打通成一個大空間。

基地面積／189.81㎡
樓地板面積／166.85㎡
設計、施工／高砂建設
案名／徹底講究天然素材、自然且現代的木造住宅

1F
1:200

基地條件
可變性
採光
人與人的交流
借景
動線
訪客
隱私
收納
特殊房間
多世代
出租

33

講究天然素材、只使用純正的灰泥塗料等，徹底使用精挑細選過的建材。同時也是精雕細琢、具高度設計感的住宅。經過拋光打磨的灰泥牆在陽光照射下，營造出具有立體感的外觀。有如圍繞著中庭木平台配置的房間既保有隱密性，同時木平台亦營造出高度的開闊感。木製的窗框、圍欄、平台全部選用同樣材料，成為具有統一感的設計。

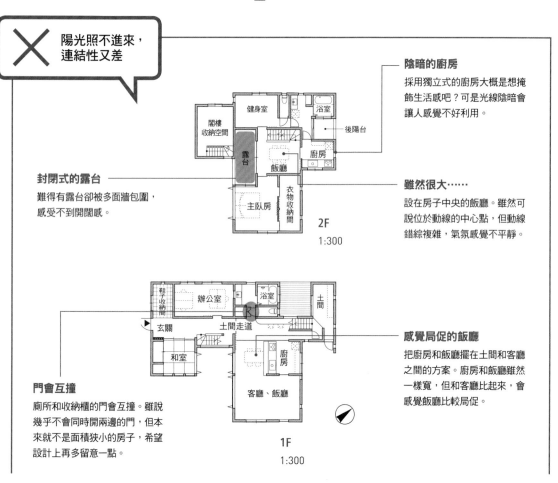

015

以木平台 為中心傳遞 家人動靜的家

前提條件

家庭成員：夫妻＋小孩2人
基地條件：基地面積262.11㎡
　　　　　建蔽率50％、容積率80％
　　　　　臨接私有道路的轉角地。
　　　　　東側有大河的環境。

案主的主要要求
• 能夠凝聚人心的家
• 希望一樓的任何角落都能感覺到家人動靜
• 設計成沒有走廊、圓滑的動線

✕ 陽光照不進來，連結性又差

陰暗的廚房
採用獨立式的廚房大概是想掩飾生活感吧？可是光線陰暗會讓人感覺不好利用。

封閉式的露台
難得有露台卻被多面牆包圍，感受不到開闊感。

閣樓收納空間
健身室
浴室
後陽台
露台
飯廳
廚房
衣物收納間
主臥房

2F
1:300

雖然很大……
設在房子中央的飯廳。雖然可說位於動線的中心點，但動線錯綜複雜，氣氛感覺不平靜。

鞋子收納間
辦公室
浴室
土間
玄關
土間走道
和室
廚房
客廳、飯廳

1F
1:300

門會互撞
廁所和收納櫃的門會互撞。雖說幾乎不會同時開兩邊的門，但本來就不是面積狹小的房子，希望設計上再多留意一點。

感覺局促的飯廳
把廚房和飯廳擺在土間和客廳之間的方案。廚房和飯廳雖然一樣寬，但和客廳比起來，會感覺飯廳比較局促。

**放入多種元素，
變得明亮、
好玩又美觀**

左：一樓的土間走道。左側平坦地連接木
平台

右：飯廳和玻璃屋

基地條件

可變性

採光

人與人
的交流

借景

動線

訪客

隱私

收納

特殊房間

多世代

出租

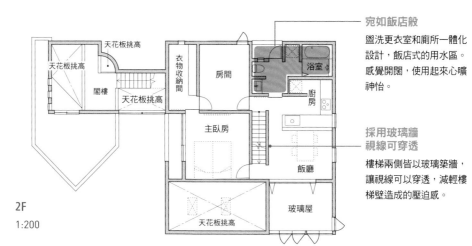

宛如飯店般

盥洗更衣室和廁所一體化
設計，飯店式的用水區。
感覺開闊，使用起來心曠
神怡。

**採用玻璃牆
視線可穿透**

樓梯兩側皆以玻璃築牆，
讓視線可以穿透，減輕樓
梯壁造成的壓迫感。

2F
1:200

獨創設計

把玄關設計成明亮且開放式。
取案主名字的第一個字母S做
平面設計，做成充滿獨創性的
空間。

可聚會的廚房

宛如浮在中央的中島式廚房
可以聚集許多人一起作業。
也可以開辦烹飪教室。

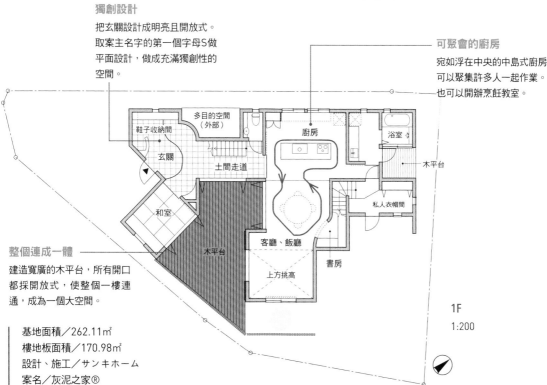

整個連成一體

建造寬廣的木平台，所有開口
都採開放式，使整個一樓連
通，成為一個大空間。

基地面積／262.11㎡
樓地板面積／170.98㎡
設計、施工／サンキホーム
案名／灰泥之家®

1F
1:200

35

016

利用木平台
營造開闊感，
同時消除
基地的高低差

位於坡道多的住宅區且面南，條件良好的基地，但存在最大1.6m的高低差。設計師因此提出不僅滿足案主的要求，更全面有效利用基地的住宅設計案。

拆除南側所有石牆和綠籬，將入口通道移到與路面落差最小的東側。將木平台設在南側，與客廳連成一體，為客廳帶來開闊感。同時木平台也具有遮擋來自馬路的視線的作用。此外，將南側設計成開放式，因而得以保有寬大的停車空間。

前提條件
家庭成員：夫妻＋小孩1人＋狗、小鳥和熱帶魚
基地條件：基地面積188.17㎡
　　　　　建蔽率50%、容積率100%
　　　　　車流量少的寧靜住宅區。面寬14m多，
　　　　　與道路有0.8～1.6m不等的高低差。
案主的主要要求
• 通往玄關的通道做成坡道
• 平房住宅
• 與具有開闊感的客廳相連的木平台

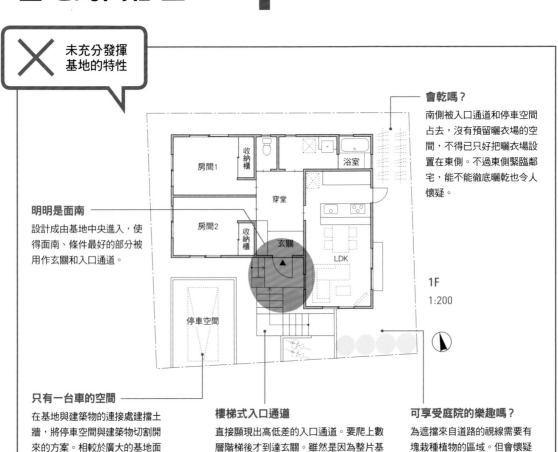

✕ 未充分發揮基地的特性

會乾嗎？
南側被入口通道和停車空間占去，沒有預留曬衣場的空間，不得已只好把曬衣場設置在東側。不過東側緊臨鄰宅，能不能徹底曬乾也令人懷疑。

明明是面南
設計成由基地中央進入，使得面南、條件最好的部分被用作玄關和入口通道。

1F
1:200

只有一台車的空間
在基地與建築物的連接處建擋土牆，將停車空間與建築物切割開來的方案。相較於廣大的基地面積，停車空間顯得很小，只能停放一台車。

樓梯式入口通道
直接顯現出高低差的入口通道。要爬上數層階梯後才到達玄關。雖然因為整片基地與路面確實存在落差而逼不得已，但這部分應該可以利用設計來回避。

可享受庭院的樂趣嗎？
為遮擋來自道路的視線需要有塊栽種植物的區域。但會懷疑是否真能充分享受到庭院功能及樂趣。

看懂高低差，
選擇從影響最小的
東側進入

左：木平台的暗門
右：從客廳看向廚房。打造繞著廚房轉的
回遊動線

具有開闊感的客廳
利用平房的屋頂結構做成斜面天花板，使得客廳上方成為巨大的挑高空間。兒童房上方備有超過10張榻榻米大的閣樓。

利用回遊動線自在移動
設置一條從廚房溜進盥洗室的動線，並以廚房為中心形成回遊動線。採購回來不必經過LDK，可以從玄關直接走去廚房。

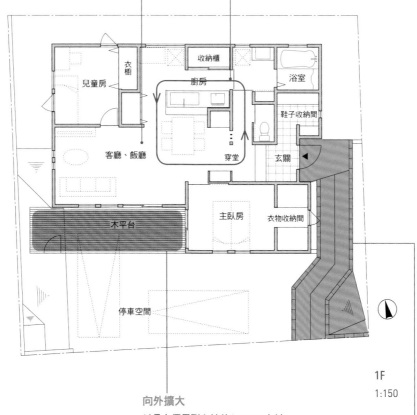

衣櫥

收納櫃

兒童房

廚房

浴室

鞋子收納間

客廳、飯廳

穿堂

玄關

木平台

主臥房

衣物收納間

停車空間

1F
1:150

向外擴大
以具有優異耐久性的Accoya木材和吉野檜做成的木平台，與客廳和臥房相連，營造出向外擴展的感覺，同時阻斷來自道路的視線。還附設暗門，緊急時可以從這裡逃出避難。

綠林成蔭的入口通道
由木籬笆和植栽構成的入口通道。將入口通道配置在東側，因而確保了從入口到玄關的距離，並實現案主所希望的坡道式通道。

基地面積／188.17㎡
樓地板面積／76.60㎡
設計、施工／ダイワ工務店
案名／利用高低差打造開闊且能
　　　感受自然風情的平房住宅

017

猶如繞著中庭爬升的LDK和開放作為藝廊的一樓

建在斜坡上，附設出租辦公室和出租藝廊的住宅。設有中庭，一方面向中庭敞開，同時也向後方的樹林敞開。最大的特色為，這是一棟兼具公共用途的住宅，因此除了位在一樓的藝廊，全部以柱廊架高，從馬路可以越過柱廊眺望後方的樹林。風會穿透柱廊，成為半戶外、令人舒暢的空間。在此可舉辦各式各樣的活動，也肩負像緣廊那樣的功用，可讓家人共度時光。

前提條件
家庭成員：夫妻＋小孩3人
基地條件：基地面積132.47㎡
　　　　　建蔽率50%、容積率100%
　　　　　寧靜的住宅用地。位在斜坡上，後方有樹林。近乎四方形的變形基地。
案主的主要要求
• 附設出租辦公室、出租藝廊
• 中島式、可以多人使用的廚房
• 希望能欣賞後方的樹林景觀
• 包含小東西在內的大量收納空間

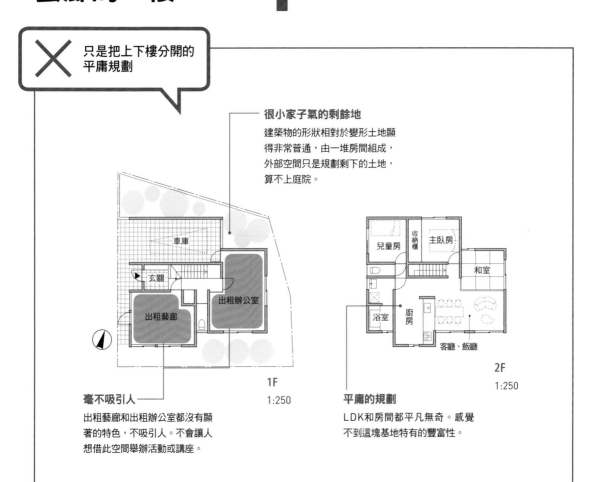

✕ 只是把上下樓分開的平庸規劃

很小家子氣的剩餘地
建築物的形狀相對於變形土地顯得非常普通，由一堆房間組成，外部空間只是規劃剩下的土地，算不上庭院。

1F
1:250

毫不吸引人
出租藝廊和出租辦公室都沒有顯著的特色，不吸引人。不會讓人想借此空間舉辦活動或講座。

2F
1:250

平庸的規劃
LDK和房間都平凡無奇。感覺不到這塊基地特有的豐富性。

區分動線，
以中庭為中心的規劃

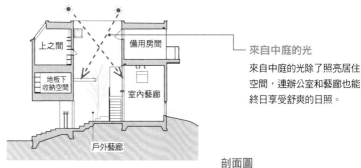

來自中庭的光
來自中庭的光除了照亮居住空間，連辦公室和藝廊也能終日享受舒爽的日照。

剖面圖
1:250

上：馬路側外觀。視線可穿過柱廊、中庭、藝廊往後方的樹林延伸
下：二樓LDK。讓地板有如繞著中庭逐步墊高，同時串連起來的生活空間
攝影：上田宏（三幀皆是）

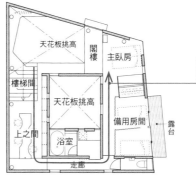

上之間
閣樓
天花板挑高
主臥房
樓梯間
天花板挑高
上之間
浴室
備用房間
露台
走廊

使用寬闊的空間
繞著中庭緩緩抬高的居住空間，形成一條繞行中庭的動線，感覺比實際空間還要來得開闊。

3F
1:250

中之間
玄關
奧之間
地板下收納1
天花板挑高
天花板挑高
地板下收納2
門廊2
辦公室
迷你廚房

大容量收納空間
利用地板的高低差，打造寬廣的地板下收納空間。可收納季節性用品等各式各樣的東西。

2F
1:250

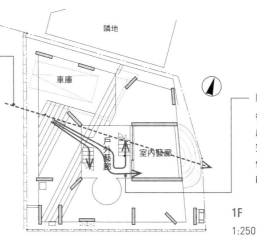

隣地
車庫
戶外藝廊
室內藝廊

來自道路的視線可以穿透
從道路這頭可以越過柱廊、中庭，望見基地後方廣闊的樹林。柱廊可作為接待、會客的空間，也發揮類似緣廊的功能，成為家人休憩的場所。

明確區分開來
從道路進來後在中庭明確分成三條動線，一條通往居住空間，一條通往辦公室，一條通往藝廊，提升各個空間的獨立性。

1F
1:250

基地面積／132.47㎡
樓地板面積／158.39㎡
設計／acaa建築研究所（岸本和彥）
案名／Casa坡道之家

018.
保有隱私又能享受大自然，狹小的天井住宅

為雙薪家庭打造的住宅。基地位於三面建築物稠密的住宅區。

由於周邊蓋滿住家，考慮到視線的問題，因而選擇採用天井住宅的形式。在門廊西側設置狹縫，做成風的通道。

因為這樣的設計，即使在建築物林立的環境中依然能保有隱私。並營造出室內空間與外部空間的連續性，既感受舒爽宜人的自然氣息，同時實現豐富多樣的生活環境。

前提條件
家庭成員：夫妻
基地條件：基地面積142.07㎡
　　　　　建蔽率60%、容積率200%
　　　　　面寬約9m、縱深約17m的矩形基地。面道路側以外的三面都緊臨著住家。
案主的主要要求
• 希望有兩台車的停車空間
• 預備一間兒童房
• 希望做成獨立式的廚房

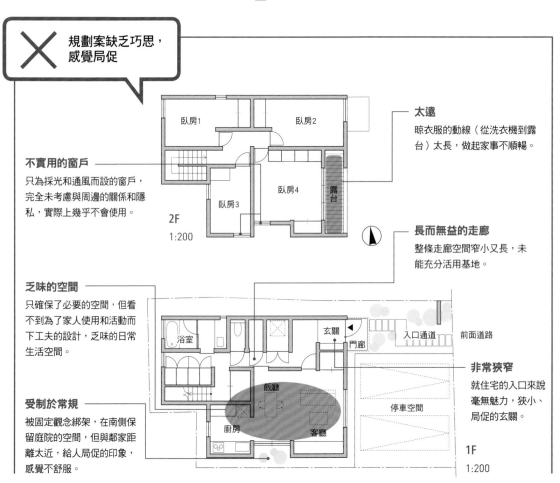

✕ 規劃案缺乏巧思，感覺局促

不實用的窗戶
只為採光和通風而設的窗戶，完全未考慮與周邊的關係和隱私，實際上幾乎不會使用。

乏味的空間
只確保了必要的空間，但看不到為了家人使用和活動而下工夫的設計，乏味的日常生活空間。

受制於常規
被固定觀念綁架，在南側保留庭院的空間，但與鄰家距離太近，給人局促的印象，感覺不舒服。

臥房1　臥房2　臥房3　臥房4　露台

2F
1:200

太遠
晾衣服的動線（從洗衣機到露台）太長，做起家事不順暢。

長而無益的走廊
整條走廊空間窄小又長，未能充分活用基地。

浴室　玄關　門廊　入口通道　前面道路
飯廳　廚房　客廳　停車空間

1F
1:200

非常狹窄
就住宅的入口來說毫無魅力，狹小、局促的玄關。

以二樓作LDK，盡情享受中庭的光和綠意

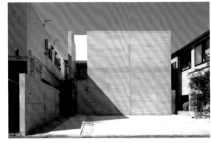

攝影：小川重雄（三幀皆是）

左：道路側外觀。用大面牆壁包圍起來的天井住宅可保護隱私

右：從二樓客廳往中庭方向看。在天花板高度、牆壁和窗戶大小等方面做變化，在單間式空間裡打造各式各樣不同的角落

引導人前進的光
從一樓爬上二樓，光線會慢慢變亮，一到二樓便看見露台和大片窗戶。有如在光的引導下進行空間體驗。

壁櫥（未來改作廁所）

視線可穿透
視線可以從飯廳穿透到木平台，因而感覺室內、室外大致相連。

天窗
自然光透過天花板的狹縫灑落在牆面上，讓人隨著季節轉換和時間變化看見空間各種不同的表情。

木平台

飯廳

廚房

天井

看得見天空的木平台
設計有一部分木平台沒有屋頂遮蔽，可以一邊在木平台上休息，一邊欣賞藍天和中庭的綠意。

通風的窗戶
顧慮到隱私又確保通風。

客廳

看得見綠意的起居室
考慮坐著時的視線高度，壓低窗戶的高度，輕鬆小憩時可欣賞矮窗外的綠意。

2F
1:150

未來的兒童房
預留將來可配合家庭形態變化改作兒童房用的空間。也可從窗外欣賞中庭的綠意。

壁櫥

壁櫥

兒童房

停車空間

浴室

玄關

風的通道
設置風可以穿透的狹縫，讓人感覺到縱深和舒爽的風。

壁櫥

臥房

入口通道

1F
1:150

基地面積／142.07㎡
樓地板面積／82.99㎡
設計／坂本昭・設計工房CASA
案名／市川之家

天井住宅的魅力
利用天井住宅的形式，一方面確保隱私，同時也能感受自然的氣息。

稠密區也能
利用中庭、巷弄
感受戶外的
都市住宅

自江戶時代祖傳下來、位於住宅稠密的下町（指臨近河川、海邊，工商密集區）土地。建造當時基地三面都緊臨三層樓的住家，因此將堪稱日本傳統民宅智慧的「坪庭」（即狹小的庭院）改成現代風。

藉由在居住空間中央設置「坪庭」這樣的結構，確保屋內有穩定的採光和通風。有如緊挨著建築物的小巷般具有縱深的露台，成了室內與坪庭和鄰宅之間的緩衝帶，輕輕地將外部環境帶入室內。

前提條件
家庭成員：夫妻＋小孩3人
基地條件：基地面積150.33㎡
建蔽率60%、容積率150%
雖然是安靜的住宅區，但三面緊臨住家，
前面道路又只有4m寬，是很有壓迫感的
基地。
案主的主要要求
• 家人間會自然而然見到面的格局
• 充足的收納空間。5～6m長的餐桌
• 各樓層都有廁所，共三間

✕ 處處可見思慮不周，
整體沒有亮點

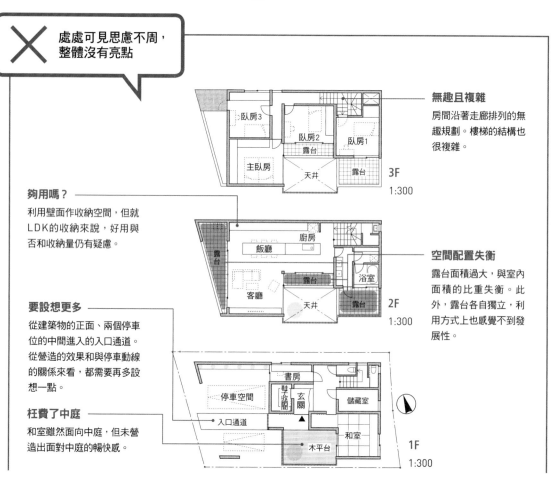

無趣且複雜
房間沿著走廊排列的無趣規劃。樓梯的結構也很複雜。

臥房3
臥房2
臥房1
主臥房
露台
露台
天井
3F
1:300

夠用嗎？
利用壁面作收納空間，但就LDK的收納來說，好用與否和收納量仍有疑慮。

廚房
飯廳
露台
露台
客廳
浴室
天井
露台
2F
1:300

空間配置失衡
露台面積過大，與室內面積的比重失衡。此外，露台各自獨立，利用方式上也感覺不到發展性。

要設想更多
從建築物的正面、兩個停車位的中間進入的入口通道。從營造的效果和與停車動線的關係來看，都需要再多設想一點。

書房
鞋收納櫃
玄關
儲藏室
停車空間
入口通道
和室
木平台
1F
1:300

枉費了中庭
和室雖然面向中庭，但未營造出面對中庭的暢快感。

將露台連起來，給人有縱深感

左：三樓的家庭衣物間。除了所有人的衣物之外，還收放大量的各式物品
右：二樓的LDK和露台。露台宛如小巷般往裡面延伸

攝影：吉田誠／吉田寫真（三幀皆是）

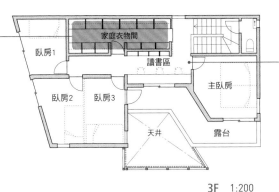

寬敞的共用空間
把收納和書桌這類各個房間共通的要件集中在一個共用空間裡。整頓家事效率、動線，因而誕生的這個家庭衣物間，讓各個房間不再需要衣物收納空間，可利用空間變大。

一起讀書做功課
孩子們的書房與走廊結合成一體，成為全家人共享學習的場所。

3F　1:200

可兼作儲藏室
食品儲藏庫設在飯廳旁，除了存放食材之外，突然有客人來訪時，這裡也可當作臨時倉庫。

製造出縱深
把露台有如小巷子般串連起來，以確保通風和採光，從LDK望過去也可以感覺到縱深。

方便利用的廁所
各樓層的中間（一、二樓的中間和二、三樓的中間）設有廁所，不論從哪一個樓層走去都方便。而且，由於配置在樓梯深處，與各個居住空間的距離適中，也解決聲音的問題。

2F　1:200

看得見外面的玄關
利用牆面作收納空間，做成小而功能完備的玄關。設置面對中庭的開口，增加與外部的一體感。

由植栽引路
讓入口通道靠邊，由植栽引路走向玄關。通道底處可從百葉窗的葉片間瞥見中庭，營造出如巷弄般的縱深感。

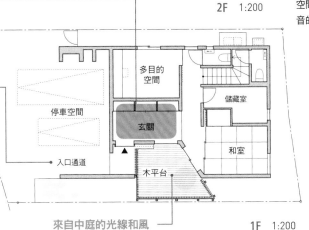

基地面積／150.33㎡
樓板面積／186.66㎡
設計／LEVEL Architects
　　　（中村和基、出原賢一）
案名／根岸住宅

來自中庭的光線和風
從中庭將光線和風引入住宅稠密區經常偏暗的一樓室內。在基地南側保留空地以確保通風。

1F　1:200

020

用兩階段露台
創造二樓LDK的
寬闊感

由於基地的北邊可眺望大海，因而猶豫開口要不要面向大海，可是走幾步即可到海邊，所以還是乖乖選擇向南開口。二樓的大露台為避開夏季日照，把三樓外推大約1/3，其下方的露台便作為室內露台使用。一樓主要是夫妻各自的工作空間，二樓是寬敞的LDK和兼作客房用的和室。三樓的主臥房擁有絕佳海景，可以躺在床上眺望大海。

前提條件
家庭成員：夫妻＋小孩1人
基地條件：基地面積148.26㎡
　　　　　建蔽率60%、容積率180%
　　　　　南北狹長的基地。北側能
　　　　　眺望大海的環境。
案主的主要要求
• 一樓做成夫妻各自的工作場所
• 由於家庭聚會多，要考慮到隔音
• 動線簡單，舒適的居住性

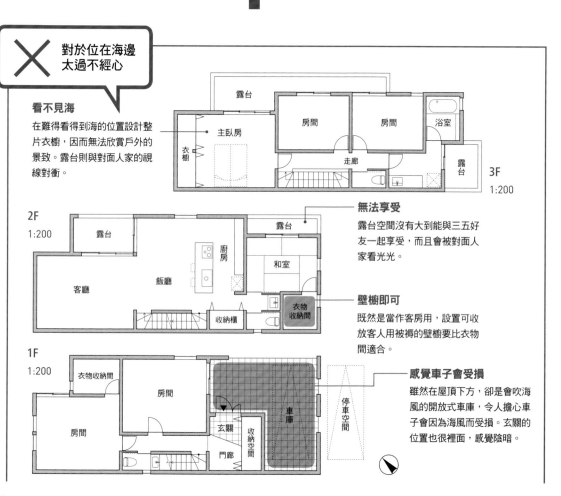

✕ 對於位在海邊太過不經心

看不見海
在難得看得到海的位置設計整片衣櫥，因而無法欣賞戶外的景致。露台則與對面人家的視線對衝。

無法享受
露台空間沒有大到能與三五好友一起享受，而且會被對面人家看光光。

壁櫥即可
既然是當作客房用，設置可收放客人用被褥的壁櫥要比衣物間適合。

感覺車子會受損
雖然在屋頂下方，卻是會吹海風的開放式車庫，令人擔心車子會因為海風而受損。玄關的位置也很裡面，感覺陰暗。

乖乖地
向南開口
享受戶外美景

二樓的LDK。整間打通的大空間從有屋頂遮蔽的露台進一步，向外側沒有屋頂的露台擴展開來

專用露台

在日照、通風皆良好的地點設置專用曬衣場。洗好的衣物可以晾在這裡，不必晾在二樓的露台。

主臥房　房間　房間　浴室　露台　衣櫥　走廊

3F
1:150

在床上也能觀海

躺在床上也能眺望大海的主臥房。充分利用最高樓層的特性，利用屋頂型式確保高的天花板，可以舒暢的心情好好休息。

看得見海的客房

看得見海的和室是為雙親和朋友準備的客房。沒客人時，當然也可作為輕鬆休息的場所。

完全打通的大空間

寬敞的單間式LDK。廚房也採用中島式，烹調中、洗碗時也能感覺和家人在一起。臨馬路的窗戶採用高側窗，不用在意外面的視線又可採光。

兩階段的露台

考慮到夏季的日照，將露台分成全開放式和有屋頂兩個部分。約12張榻榻米的大小，邀約三五好友來家裡烤肉時也可以大大派上用場。

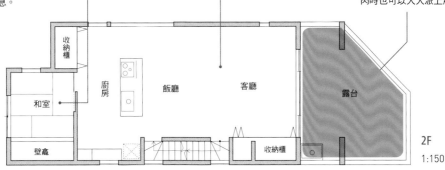

收納櫃　廚房　飯廳　客廳　露台　和室　壁龕　收納櫃

2F
1:150

房間　車庫　房間　收納櫃　停車空間　穿堂　玄關　收納櫃

1F
1:150

基地面積／148.26㎡
樓地板面積／190.65㎡
設計、施工／リモルデザイン
案名／I邸

也準備了訪客用車位

一樓只隔了夫妻各自的房間，以確保寬敞的停車空間。為免自家用車遭受海邊暴風雨的侵襲，採用室內車庫，並在靠馬路側預留可停放兩台車的空間。

為了在住宅稠密區實現明亮、開闊的客廳，利用大大向外凸出的私密性陽台引入光線和風的規劃。為確保隱私，用牆壁和百葉窗圍起來，並在LDK設置大開口，提高與外部的一體感。

一樓的房間配置在南側，把玄關和鞋子收納間配置在北側。陽台發揮大屋簷的作用，確保了停車場和入口通道的空間。三樓是私密空間。用百葉窗遮蔽外面的視線，好讓各個房間面向陽台配置。

前提條件
家庭成員：夫妻＋小孩1人＋狗
基地條件：基地面積112.86㎡
　　　　　建蔽率50%、容積率150%
　　　　　三面緊臨住家的稠密區。西側有公園，需要隱私對策。
案主的主要要求
• 開放式的客廳
• 考慮到隱私
• 可以烤肉的庭院、鞋子收納間等

021
朝兩個方向凸出，兼顧降低成本及空間寬敞

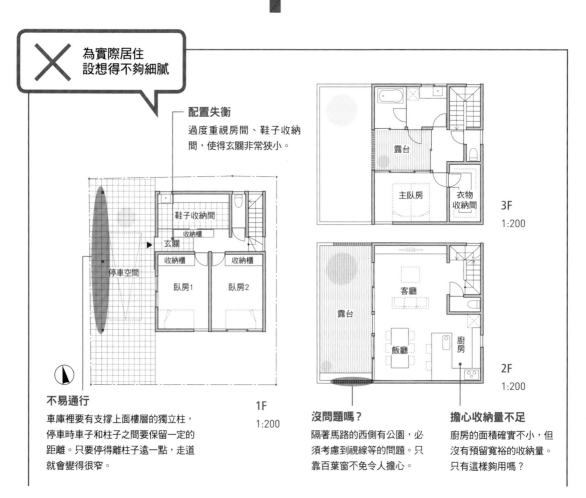

✕ 為實際居住設想得不夠細膩

配置失衡
過度重視房間、鞋子收納間，使得玄關非常狹小。

鞋子收納間
收納櫃
玄關
收納櫃
收納櫃
臥房1
臥房2
停車空間

1F
1:200

不易通行
車庫裡要有支撐上面樓層的獨立柱，停車時車子和柱子之間要保留一定的距離。只要停得離柱子遠一點，走道就會變得很窄。

露台
主臥房
衣物收納間

3F
1:200

客廳
露台
飯廳
廚房

2F
1:200

沒問題嗎？
隔著馬路的西側有公園，必須考慮到視線等的問題。只靠百葉窗不免令人擔心。

擔心收納量不足
廚房的面積確實不小，但沒有預留寬裕的收納量。只有這樣夠用嗎？

利用寬大的露台打造二樓舒適的 LDK

馬路側的外觀。可看出右側凸出。這凸出的設計不但為內部帶來開闊感等，同時也有助於降低成本

攝影：吉田誠／吉田寫真（三幀皆是）

一樓玄關和穿堂。打開玄關門時，迎面就是一片寬廣的空間

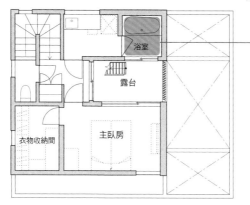

3F
1:150

保護隱私
極力縮小公園側及靠馬路側的窗戶，阻斷來自公園的視線。將用水區擺在基地深處，以確保隱私。

大到有如操場
用牆圍起來、有20㎡大的露台，帶給客廳風和光線。由於把面向露台的開口做到最大極限，因而產生延伸到外部、有如操場般的感覺。

可隱藏的可貴
在廚房旁邊設置食品儲藏庫。雖然不大，但如果有隱藏式的收納空間，廚房的好用度立刻提升。

擴大後的寬敞感
把二樓擴大，使原本狹窄的客廳、飯廳變得寬敞。做成一字型的廚房，使用起來更方便。

2F
1:150

寬廣的玄關
以玄關的面積為優先，做成寬敞的玄關大廳。

人車都輕鬆
在結構上下工夫，消除車庫內的柱子。這樣既方便停車，同時也比較容易確保走道空間。

有型又便宜
利用東、南兩側的懸臂結構讓二樓凸出。減少地基面積也等於減少改良地盤的面積，有助於抑制預算。此外，一樓和三樓沒有擴大空間也避免了預算增加太多。不僅如此，朝兩個方向凸出的結構也充滿動態的力感，讓人對建築物的正面印象深刻。

基地面積／112.86㎡
樓地板面積／123.42㎡
設計／LEVEL Architects
　　　（中村和基、出原賢一）
案名／足立住宅

1F
1:150

022

細心將案主的
要求納入設計中，
住宅區內的
三層樓建築

外觀極簡時尚，看起來不像木造建築。從玄關內的穿堂等，可以隔著玻璃看見停在內建車庫裡的車子。

用階梯區隔客廳和飯廳兼廚房，加高客廳天花板的高度，餐廚區則鋪設瓷磚地板，呈現各自不同的空間。客廳鄰接木平台，廚房側鄰接後陽台，兩者被隔開。浴室有1.5坪（3張榻榻米）大，附小院子。頂樓則是狗狗的遊樂場。

前提條件
家庭成員：夫妻＋小孩1人
基地條件：基地面積126.00㎡
　　　　　建蔽率60%、容積率200%
　　　　　位於寧靜住宅區，四周住宅稠密。形狀呈梯形。

案主的主要要求
• 希望能邊喝茶邊眺望車子
• 可以開派對、明亮的LDK
• 木平台、和寵物一起玩的頂樓
• 大浴室、小院子

✕ 對案主的生活
考慮得不夠

被看得一清二楚的廚房
位於客廳到飯廳的動線上，因此連不想讓訪客看見的廚房內部都被看光光。也沒有暫放廚餘等的地方。

沒有窗戶的廁所
明明是獨棟住宅，廁所卻狹小陰暗。感覺很悶，有壓迫感。

狹小的浴室
相較於房子的大小，浴室太過狹小。既然要做，希望是能悠哉泡澡，還能眺望院子的設計。

無法使用的洗臉台
徒有大空間，但早上趕時間時也只能一人使用的洗臉台，實用性過低。

什麼都沒有的空間
雖然想有個庭院，可是空間半大不小，也不能跟狗狗一起玩樂。

房間只是大而已
作為主臥房浪費太多空間，很可惜。相對於房間的寬敞，夫妻倆的收納空間卻不太夠。

無意義的大空間
有充裕的空間固然好，但多出太多反而浪費面積。

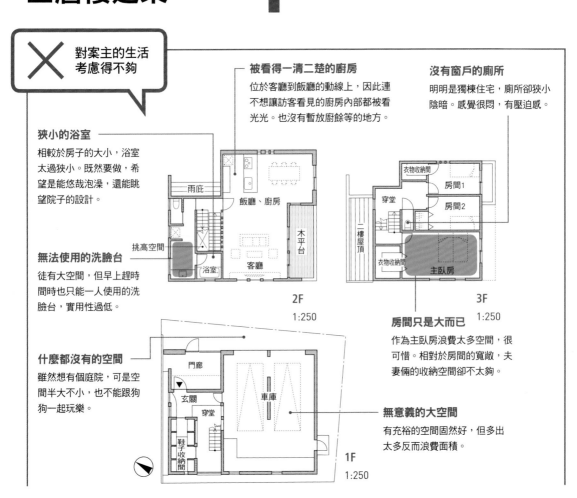

2F 1:250

3F 1:250

1F 1:250

從車庫到頂樓
徹底利用毫無浪費

夜晚馬路側的外觀。R型牆為街道帶來柔和的印象

神奇的空間

在樓梯中段設置圖書室。光線明亮,會讓人不禁長時間佇留休息的地方。

時尚又具功能性

可以邊做菜邊面向客廳的人說話的中島式廚房。做菜產生的廚餘等不想放在室內的東西,可以移到旁邊的後陽台。

萬用收納空間

在鞋子收納間之外另設可隨意收放吸塵器、弄髒的物品等的收納空間。

基地面積／126.00㎡
樓地板面積／163.32㎡
設計、施工／KAJA DESIGN
案名／擁有內建車庫的家

屋頂

天台

屋頂

頂樓
1:200

狗狗遊樂場

在地理位置上無法確保足夠的庭院空間,因而打造一個大到讓狗狗能夠四處奔跑的天台。四面八方都不會被人看到,是最棒的遊樂場。

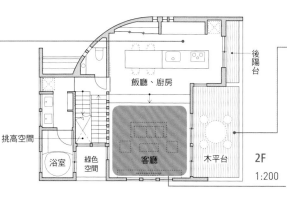

衣物收納間
房間1
衣物收納間
二樓屋頂
圖書室
主臥房

3F
1:200

可一眼望盡的收納空間

寬敞的衣物收納間可以將夫妻的衣物分開收放,一眼就能找到想要找的衣服。

後陽台
飯廳、廚房
挑高空間
浴室
綠色空間
客廳
木平台

2F
1:200

可輕鬆小憩的露台

連著客廳的大露台非常寬敞,擺放餐桌和全家人的椅子還綽綽有餘。在青空下享用午餐也充滿樂趣。

爭取天花板高度

比餐廚區低兩階的客廳,天花板局部向內凹以增加天花板的高度,成為舒適暢快的空間。木平台的高圍牆阻斷了外面的視線,窗簾可隨時保持敞開。

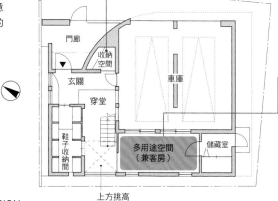

門廊
收納空間
玄關
穿堂
車庫
鞋子收納間
多用途空間（兼客房）
儲藏室

上方挑高

1F
1:200

可眺望得意的愛車

兼作客房的多用途空間。邊眺望自己的愛車邊與朋友聊天,或是悠閒地喝茶,隨心所欲使用。並備有大量收納空間,可收放作業用工具。

023

區分露台功能，打造與LDK連成一體的外部空間

基地距離都心不到一小時，西側卻有大片讓人以為是山林的廣闊綠地。案主是一對雙薪、正值養兒育女階段的夫妻。希望設計成孩子還小時，在兩層樓的其中一層就能過生活的住家。特色是在洗衣機放置地點旁設置曬衣專用的後陽台。藉此讓鄰接LDK的大露台得以卸除曬衣場之類的功能，成為享受森林美景的主要空間。

前提條件
家庭成員：夫妻＋小孩1人
基地條件：基地面積129.60㎡
　　　　　建蔽率40%、容積率80%
　　　　　新舊住宅混在一起的住宅用地。西側有大片綠地。

案主的主要要求
• 將LDK、用水區、親子能睡在一起的和室配置在同一層
• 寬敞的樓梯
• 下雨天也能晾衣服的場所

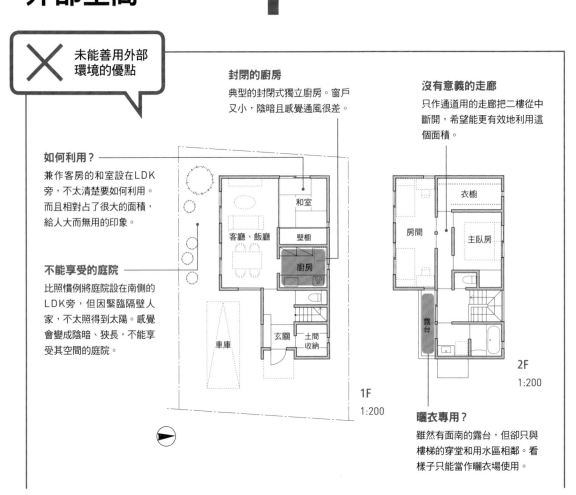

✕ 未能善用外部環境的優點

封閉的廚房
典型的封閉式獨立廚房。窗戶又小，陰暗且感覺通風很差。

沒有意義的走廊
只作通道用的走廊把二樓從中斷開，希望能更有效地利用這個面積。

如何利用？
兼作客房的和室設在LDK旁，不太清楚要如何利用。而且相對占了很大的面積，給人大而無用的印象。

不能享受的庭院
比照慣例將庭院設在南側的LDK旁，但因緊臨隔壁人家，不太照得到太陽。感覺會變成陰暗、狹長，不能享受其空間的庭院。

曬衣專用？
雖然有面南的露台，但卻只與樓梯的穿堂和用水區相鄰。看樣子只能當作曬衣場使用。

1F
1:200

2F
1:200

左：東側的後陽台
右：面森林的西側露台
和LDK。形成內外一
體的暢快空間

設置專用露台
享受二樓的生活

兩邊出入的衣物間

從主臥房和走廊皆可出入的家
人共用衣物間。主臥房不用
說，兒童房也不必另設衣櫥，
使房間可利用的空間變大。

可眺望森林

可眺望西側森林的大露台。設
有簡單的遮陽棚，夏季可阻擋
強烈的日照。

從廚房也可眺望

對面式的廚房，可以邊做
菜、洗碗，邊隔著露台眺望
綠意。

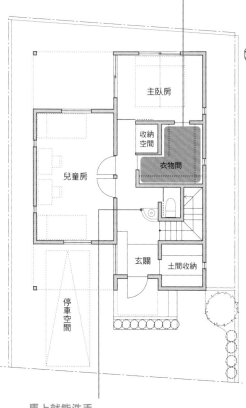

1F
1:150

主臥房

收納空間

衣物間

兒童房

玄關　土間收納

停車空間

露台　飯廳

客廳　廚房

收納櫃　收納櫃　和室

露台

2F
1:150

馬上就能洗手

在玄關旁設置洗手台，以便回到家
馬上就能洗手。由於設在R型牆面
的後方，從玄關看不到。

專用曬衣場

在用水區旁設置主要露台之外
的另一個曬衣專用露台。用較
高的護欄遮擋外面的視線，可
以放心地晾衣物。洗、晾、摺
疊（和室）可在短短的動線內
解決。

位在動線上的洗臉台

把洗臉台設在LDK到用水
區的動線上。不僅寬敞、開
闊，還有明亮的光線自上方
的天窗灑落。

多目的的和室

客廳旁微微墊高的榻榻米空間。
榻榻米下方是大量收納空間。
有別於客廳的另一個放鬆休息的
場所，睡在這裡的話，生活一
切大小事就能全部在二樓解決。
加上臨接東側的露台，會有充沛
的陽光從大片窗戶照進室內。

也是曬衣間

因洗臉台已移至走道，使得天
花板很高的更衣室變得很寬
敞。設有升降式曬衣架，雨天
便成為曬衣間。

基地面積／129.60㎡
樓地板面積／102.62㎡
設計、施工／中野工務店
案名／可眺望森林的家

024

有效地利用二樓中庭，使狹長的基地變得舒適

大阪市內經常可見緊貼著鄰宅而建、面寬2間（日本傳統長度單位，為6尺約182公分）的住宅。如何採光成為重點。

設計師提出與東側邊界保持距離、二樓設中庭的規劃案。花心思設計，如二樓用水區的上方不蓋房間，讓光線從中庭露台和天窗照進一樓，以便將來就算東側的人家改建也能確保採光。寬闊的玄關土間可當作享受嗜好活動等的室內空間，成為充滿樂趣的家。

前提條件
家庭成員：夫妻＋小孩2人
基地條件：基地面積80.54㎡
　　　　　建蔽率60%、容積率200%
　　　　　住宅稠密區面寬3.92m，狹長型的基地，
　　　　　與左右鄰宅非常接近。
案主的主要要求
・感覺得到縱深
・能感受季節變換的家
・希望家人有各自的娛樂空間

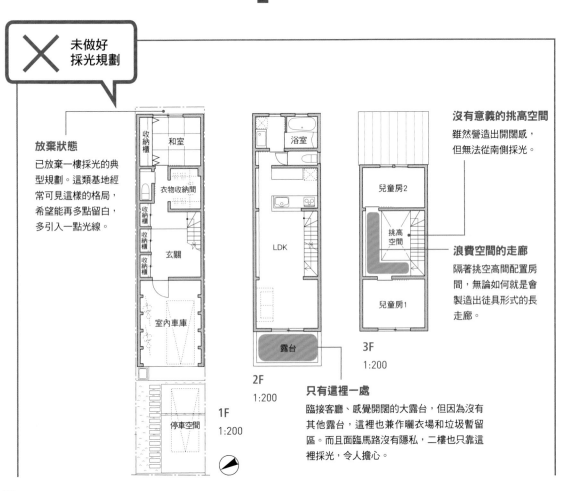

✕ 未做好採光規劃

放棄狀態
已放棄一樓採光的典型規劃。這類基地經常可見這樣的格局，希望能再多點留白，多引入一點光線。

1F
1:200
停車空間
室內車庫
玄關
收納櫃
衣物收納間
收納櫃
和室

2F
1:200
浴室
LDK
露台

只有這裡一處
臨接客廳、感覺開闊的大露台，但因為沒有其他露台，這裡也兼作曬衣場和垃圾暫留區。而且面臨馬路沒有隱私，二樓也只靠這裡採光，令人擔心。

3F
1:200
兒童房2
挑高空間
兒童房1

沒有意義的挑高空間
雖然營造出開闊感，但無法從南側採光。

浪費空間的走廊
隔著挑空高間配置房間，無論如何就是會製造出徒具形式的長走廊。

預想未來，確保光的通道

從中庭看二樓的LDK。可以看見挑高空間的上部有兼作護欄用的長條桌

馬上就能拿去晾
在用水區旁設置曬衣露台，縮短脫、洗、晾的動線，讓家事變得輕鬆。

從中庭採光
在玻璃纖維露台上鋪設木棧板做成中庭，由中庭採光。中庭並兼具隔開LDK和用水區的功用。自中庭天窗灑落的光線還會照到一樓。

確保光線
刻意將三樓東側空出來，不設房間。即使日後東側的鄰家改建擋住陽光，也會因為這裡留空而使中庭的日照得到保障。

多用途的內院
小小的留白，同時確保了東側的採光。地面採土間設計，以便能作各種利用。

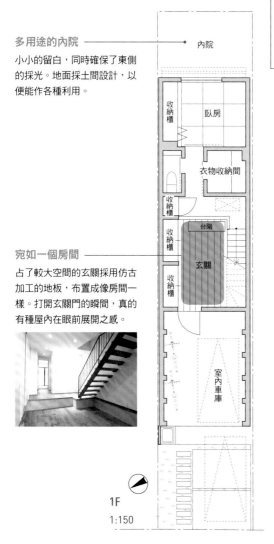

宛如一個房間
占了較大空間的玄關採用仿古加工的地板，布置成像房間一樣。打開玄關門的瞬間，真的有種屋內在眼前展開之感。

內院
收納櫃
臥房
衣物收納間
收納櫃
收納櫃
台階
玄關
收納櫃
室內車庫

1F
1:150

露台
盥洗室
浴室
中庭
木板牆
客廳
飯廳
廚房
露台

2F
1:150

中庭上部
挑高空間
長條桌
兒童房
花台

3F
1:150

垃圾管理
把不想讓人看見的垃圾暫時放在這個露台。

目前先作大空間利用
三樓的兒童房目前做成一個大房間，並有考慮到將來需要隔間時的窗戶、電源和照明等。

可感知家人的動靜
在兒童房前的走廊上設置兼具護欄作用的長條桌。還可以把腳伸出挑高空間坐在這裡寫功課。邊寫還可感覺到樓下家人的動靜。

基地面積／80.54㎡
樓地板面積／112.08㎡（含車庫）
設計、施工／じょぶ
案名／籠罩在宜人光線中，
　　　面寬2間的生活方式

025

利用
小巷般的空間
享受光影
全天變化的樂趣

在三層樓住宅環伺、容易產生封閉感的環境裡，充分利用縱深長的基地特性打造狹長住宅，並放入兩個中庭。一樓有陰影如小巷般的空間為其特色，二樓則是天花板很高的大空間，光線從中庭照進室內，帶來一整天的光影變化。

利用曲折區隔不同的空間，展現縱深感。客廳的地板往下凹，創造有如潛入地下的舒適感。

前提條件
家庭成員：夫妻＋小孩2人
基地條件：基地面積109.11㎡
　　　　　建蔽率50%、容積率100%
　　　　　相對於面寬，縱深較長的狹長基地。鄰近商業區，周圍會看到三層樓建築的環境。
案主的主要要求
• 嚮往可以感受日式風情的住宅
• 希望有榻榻米、拉門、日式小庭院
• 愛好骨董茶壺，也喜歡骨董家具

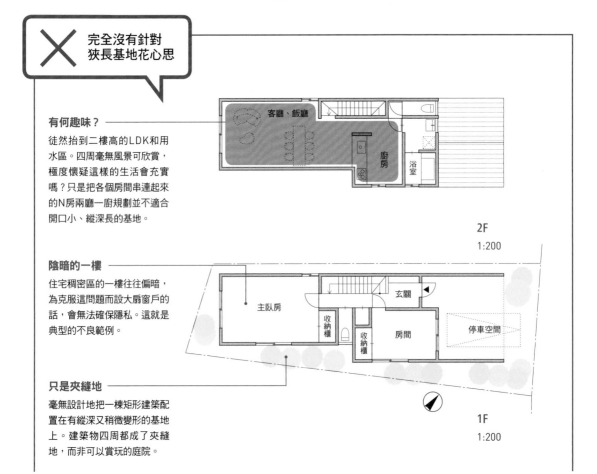

✕ 完全沒有針對
狹長基地花心思

有何趣味？
徒然抬到二樓高的LDK和用水區。四周毫無風景可欣賞，極度懷疑這樣的生活會充實嗎？只是把各個房間串連起來的N房兩廳一廚規劃並不適合開口小、縱深長的基地。

陰暗的一樓
住宅稠密區的一樓往往偏暗，為克服這問題而設大扇窗戶的話，會無法確保隱私。這就是典型的不良範例。

只是夾縫地
毫無設計地把一棟矩形建築配置在有縱深又稍微變形的基地上。建築物四周都成了夾縫地，而非可以賞玩的庭院。

客廳、飯廳

廚房

浴室

2F
1:200

主臥房

收納櫃

收納櫃

玄關

房間

停車空間

1F
1:200

彎來彎去
展現縱深感

左：一樓走道。在腳邊的光亮引導下走向屋內深處
右：從二樓客廳往餐廚區的方向看

攝影：上田宏（三幀皆是）

利用台階區隔

做出角度同時設四層台階，區隔餐廚區和客廳（南之間）。藉由這樣的設計，讓人意識到客廳雖然和餐廚區相連，卻是不一樣的空間。並可從不同於餐廚區的角度欣賞庭院。

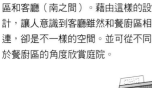

書房

天井　天井　榻榻米房　壁櫥

南之間　中之間

天井　廚房　北之間

2F
1:200

創造風景的中庭

用圍牆包圍的私密中庭，在把光線帶進室內的同時也創造出風景，讓人連走動都變得有趣。每次走動便能體會到隨著季節、時間不斷變化的光影。

以圍牆防護

用高牆將房子連中庭整個包圍起來，阻斷外面的視線。LDK也能面向中庭大大敞開，因此能引入充足的光線和風。

有如小巷一般

刻意不做成直線，享受有如繞著巷子行進的樂趣。翻轉往往流於單調的狹長基地特性，創造出豐富多樣的居住空間。

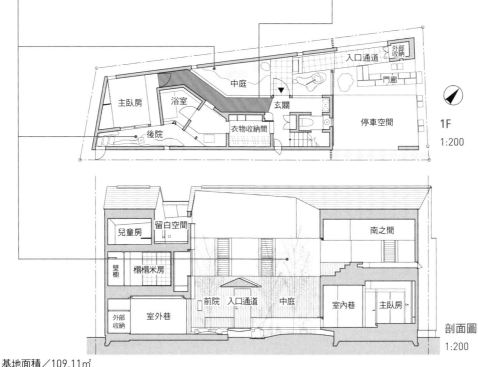

外部收納

入口通道　門廊

中庭

主臥房　浴室　玄關

停車空間

後院　衣物收納間

1F
1:200

留白空間

兒童房　南之間

壁櫥　榻榻米房

前院　入口通道　中庭　室內巷　主臥房

外部收納　室外巷

剖面圖
1:200

基地面積／109.11㎡
樓地板面積／109.21㎡
設計／acaa建築研究所（岸本和彥）
案名／辻堂曲屋

026
反覆鑽研設計，小基地也能打造出可享受大螢幕的家

在法律上是兩層樓的木造房子，但把二樓的主臥房抬高到三樓的高度，以確保客廳天花板有4.25m的高度。因為這樣的設計才能在客廳的上部設置150吋大螢幕，從二樓的放映室投影觀賞。設有可動式包廂的二樓放映室位在客廳的上方，當作兒童區使用。上下一體的客廳則做成開放式空間，來參加派對的樂團朋友可直接從門廊進出。

前提條件
家庭成員：夫妻＋小孩
基地條件：基地面積81.00㎡
建蔽率50%、容積率80%
私有道路盡頭的老住宅用地三分之後位於中間的基地。斜朝南，可從二樓看到高處的風景。

案主的主要要求
• 可播放樂團表演的大型投影布幕
• 兒童區做成開放式的工作空間
• 利用高度變化和連續性的空間等方式營造寬闊感

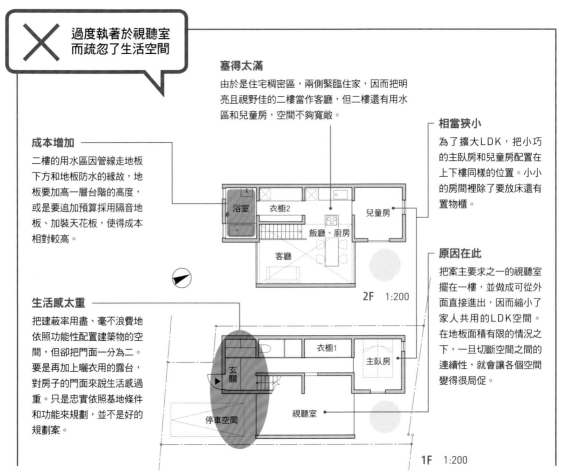

✕ 過度執著於視聽室而疏忽了生活空間

塞得太滿
由於是住宅稠密區，兩側緊臨住家，因而把明亮且視野佳的二樓當作客廳，但二樓還有用水區和兒童房，空間不夠寬敞。

成本增加
二樓的用水區因管線走地板下方和地板防水的緣故，地板要加高一層台階的高度，或是要追加預算採用隔音地板、加裝天花板，使得成本相對較高。

相當狹小
為了擴大LDK，把小巧的主臥房和兒童房配置在上下樓同樣的位置。小小的房間裡除了要放床還有置物櫃。

原因在此
把案主要求之一的視聽室擺在一樓，並做成可從外面直接進出，因而縮小了家人共用的LDK空間。在地板面積有限的情況之下，一旦切斷空間之間的連續性，就會讓各個空間變得很局促。

生活感太重
把建蔽率用盡、毫不浪費地依照功能性配置建築物的空間，但卻把門面一分為二。要是再加上曬衣用的露台，對房子的門面來說生活感過重。只是忠實依照基地條件和功能來規劃，並不是好的規劃案。

浴室　衣櫥2　兒童房
飯廳、廚房
客廳
2F　1:200

玄關　衣櫥1　主臥房
停車空間　視聽室
1F　1:200

改變二樓的地板高度，滿足種種要求

左：從夾層的深處往玄關方向看。一樓東側是挑高4.25m的大空間
右：夾層通往二樓臥房的樓梯。樓梯下方可見兼作護欄用的工作檯

攝影：わたなべけんたろう（三幀皆是）

兼具可變性和開闊感

預想二樓將來要改成兒童房。LDK的上部敞開，裝設兼作護欄用的工作檯。光線和視線可以通過LDK的上部來來去去，獲得光看地板面積想像不到的開闊感。放映室有為兒童而設的可動式包廂（睡鋪），可隨意改變空間的配置。

偷偷塞進一個露台

玄關上方的外牆往外推出，為免計入建築面積架上玻璃纖維格柵做成露台。這裡一方面成為光庭，一方面也可作為曬衣露台。不同於一般的露台，具有修整門面的作用，同時作為「私密的外部空間」，讓視線延伸到戶外。

一樓LDK的優點

LDK靠近玄關，從車上將物品搬進搬出都很輕鬆。小孩玩耍或開派對時，也可以結合停車空間和道路作整體利用。

一樓也很明亮

雖然是周邊蓋滿住宅的基地，但藉由視線上下、內外穿透和空間的連續性，成功打造出寬敞、明亮的開放式空間。

基地面積／81.00㎡
樓地板面積／80.66㎡
設計／ステューディオ2アーキテクツ
（二宮博、菱谷和子）
案名／CLIF（國分寺崖線住宅）

2F 1:200
屋頂
主臥房 衣櫥

夾層 1:200
壁櫥 放映室 投影機 可動式包廂 可動式包廂
工作檯
客廳上方
光庭

1F 1:200
儲藏櫃 廚房 浴室
玄關
客廳
停車空間

挑高空間上的臥房

二樓主臥室的位置比一般高出約2m，以確保一樓LDK的天花板有4.25m高。南側的高側窗為LDK帶來充足的陽光，可以望見天空。

可享受大螢幕

將150吋的電動螢幕吊掛在客廳牆上，並在二樓的放映室牆上裝設投影機，確保投影距離。可以把放映室的工作檯當作看台，坐在那裡觀賞影片。

集中一處降低成本

把廚房、用水區、廁所全部集中在一樓，可使成本降到最低。

北側的後院

儘管把建蔽率完全用盡，但順利在北側留下一塊矩形後院。旁邊就是洗臉台、浴室，可以當作後院用來曬衣、置物等。

剖面圖 1:200
電視櫃 主臥房
兒童房 大廳
廚房

兩層樓建築的巧思

通往客廳上方主臥房的樓梯看似要爬上三樓，但在建築法規上屬於兩層樓建築。法律上規定只要所有房間都在兩層以下即可，即使三樓的高度上有房間，但只要樓下是挑高空間，就算是兩層樓建築。既然是兩層樓建築，即可壓低因防火、耐火和結構等法規上的限制所產生的無謂成本。

027

天花板挑高4.2公尺，讓一樓LDK變明亮

位在旗竿型基地上的住宅，一樓常常陰暗又不通風，不過這間房子的一樓做成擁有挑高4.2m天花板的大空間（LDK），可以引入充足的光線和風。

一樓擁有大氣積（室內空氣總量），相應地讓二樓的各個房間產生如「閣樓」般的樂趣。由於與鄰宅的地板高度有半層差距，所以能隨意設置窗戶。其簡單的結構應可算是住宅稠密區「兩層樓建築」的一個解方。

前提條件
家庭成員：夫妻＋小孩2人
基地條件：基地面積123.93㎡
　　　　　建蔽率50%、容積率100%
　　　　　寧靜住宅區的旗竿型基地。雖然有愈來愈多小面積基地，但可瞥見大宅邸的綠意。
案主的主要要求
• 像倉庫那樣的大空間
• 感受得到「戶外」的家
• 希望有木平台

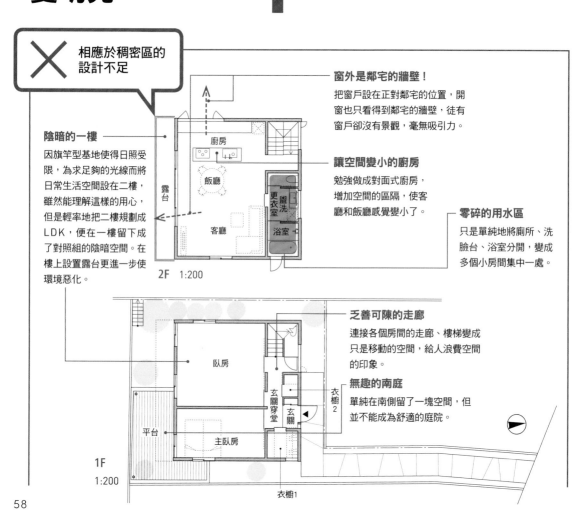

✕ 相應於稠密區的設計不足

陰暗的一樓
因旗竿型基地使得日照受限，為求足夠的光線而將日常生活空間設在二樓，雖然能理解這樣的用心，但是輕率地把二樓規劃成LDK，便在一樓留下成了對照組的陰暗空間。在樓上設置露台更進一步使環境惡化。

窗外是鄰宅的牆壁！
把窗戶設在正對鄰宅的位置，開窗也只看得到鄰宅的牆壁，徒有窗戶卻沒有景觀，毫無吸引力。

讓空間變小的廚房
勉強做成對面式廚房，增加空間的區隔，使客廳和飯廳感覺變小了。

零碎的用水區
只是單純地將廁所、洗臉台、浴室分開，變成多個小房間集中一處。

廚房
飯廳
露台
客廳
更衣室
盥洗
浴室

2F　1:200

乏善可陳的走廊
連接各個房間的走廊、樓梯變成只是移動的空間，給人浪費空間的印象。

無趣的南庭
單純在南側留了一塊空間，但並不能成為舒適的庭院。

臥房
玄關穿堂
衣櫥
玄關
衣櫥2
平台
主臥房

1F
1:200

衣櫥1

打造一樓的大空間，克服缺點

左：二樓的用水區。浴室也採用玻璃隔間，減輕封閉感
右：一樓LDK。天花板挑高4.2m的開放式大空間。中央的柱子無意中成了劃分餐廚區與客廳的依據

攝影：鳥村鋼一（三幀皆是）

賦予位置
刻意在純白的大空間裡豎立鋼柱。以擎天柱之姿立在中心附近，為整個空間畫龍點睛，同時成為家具和人的所在依據。

大房間群
與一樓的LDK一樣，不做室內牆，因此可以隨意變動隔間和門。

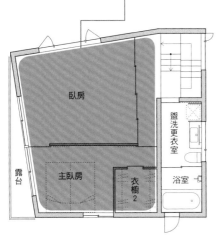

2F　1:150

剖面圖　1:150

大氣積
儘管做成擁有4.2m高的天花板、有如倉庫般的大空間，四周依然設置了窗戶，讓一樓也有充足的光線和風。

天花板很高的用水區
設在夾層的用水區。不僅就動線上來說方便利用，並擁有很高的天花板，成了可以從窗戶仰望天空、感覺舒爽的浴室。

可以繞圈
牆壁轉個角度，使基地邊界到建築物的距離有近有遠，讓夾縫空間出現變化，成為孩子可以四處奔跑、有活力的空間。

好玩的樓梯
做得很寬敞，並在樓梯的平台處設置長條桌，製造孩子可以停留的場所。

基地面積／123.93㎡
樓地板面積／101.88㎡
設計／小長谷亘建築設計事務所
案名／世田谷的兩層樓住宅

斜外牆和大開口
讓外牆斜對著鄰宅邊界，製造大開口，使視線可以穿過附近人家的縫隙，望見天空和不遠處的樹林。

1F
1:150

028

竭盡所能地
利用變形基地
創造出
寬闊和餘裕

將客廳擺在房子的中心，必要的各個房間和木平台則配置在其四周。客廳地板墊高半個樓層，透過挑高空間與二樓連結，再利用高側窗，讓客廳成為不論季節和周遭環境如何，總是明亮、開闊的空間。利用基地既有的高低差，將餐廚區與客廳大致區隔開來。成功設計出以明亮的客廳為中心，一家人隨時能夠交流互動的住家環境。

前提條件
家庭成員：夫妻＋小孩2人
基地條件：基地面積288.50㎡
　　　　　建蔽率60%、容積率200%
　　　　　面寬4.5m、深55m的變形旗竿型基地，
　　　　　基地內有1m的高低差。
案主的主要要求
• 妥善利用變形基地
• 客廳要盡可能的寬敞
• 冬暖夏涼

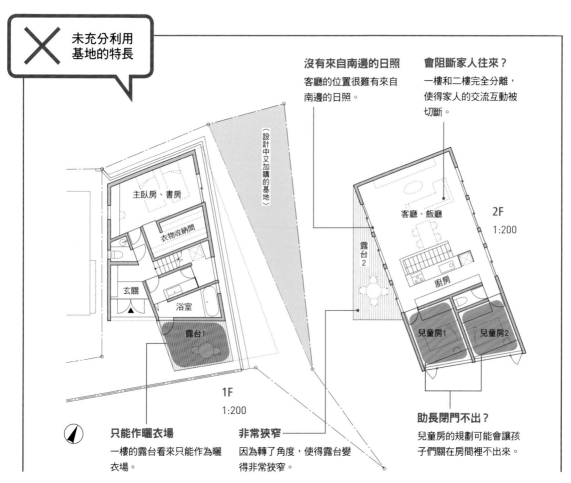

✕ 未充分利用基地的特長

沒有來自南邊的日照
客廳的位置很難有來自南邊的日照。

會阻斷家人往來？
一樓和二樓完全分離，使得家人的交流互動被切斷。

（設計中又加購的基地）

主臥房、書房

衣物收納間

玄關

浴室

露台1

客廳、飯廳

2F
1:200

露台2

廚房

兒童房1　兒童房2

1F
1:200

只能作曬衣場
一樓的露台看來只能作為曬衣場。

非常狹窄
因為轉了角度，使得露台變得非常狹窄。

助長閉門不出？
兒童房的規劃可能會讓孩子們關在房間裡不出來。

把變形轉為優點，打造開放式空間

左：從飯廳後方看向客廳
右：從玄關前看室內。上方的
高側窗外側是可以回遊的天台

攝影：吉田誠（三幀皆是）

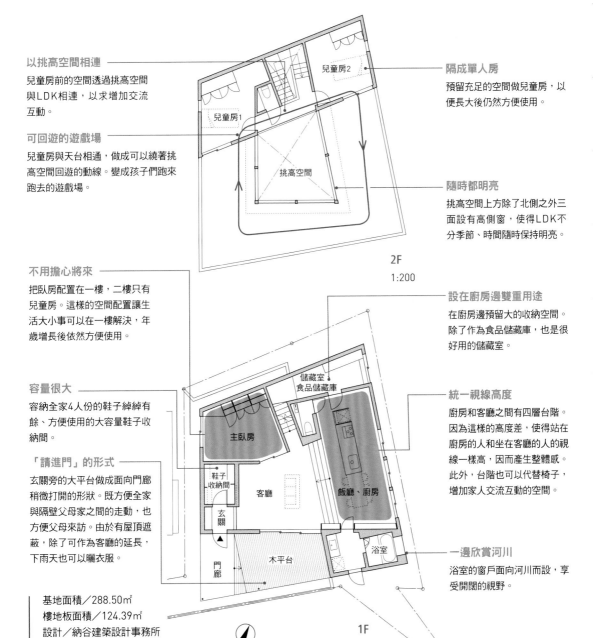

以挑高空間相連
兒童房前的空間透過挑高空間與LDK相連，以求增加交流互動。

可回遊的遊戲場
兒童房與天台相通，做成可以繞著挑高空間回遊的動線。變成孩子們跑來跑去的遊戲場。

兒童房2

兒童房1

挑高空間

隔成單人房
預留充足的空間做兒童房，以便長大後仍然方便使用。

隨時都明亮
挑高空間上方除了北側之外三面設有高側窗，使得LDK不分季節、時間隨時保持明亮。

2F
1:200

不用擔心將來
把臥房配置在一樓，二樓只有兒童房。這樣的空間配置讓生活大小事可以在一樓解決，年歲增長後依然方便使用。

容量很大
容納全家4人份的鞋子綽綽有餘、方便使用的大容量鞋子收納間。

「請進門」的形式
玄關旁的大平台做成面向門廊稍微打開的形狀。既方便全家與隔壁父母家之間的走動，也方便父母來訪。由於有屋頂遮蔽，除了可作為客廳的延長，下雨天也可以曬衣服。

基地面積／288.50㎡
樓地板面積／124.39㎡
設計／納谷建築設計事務所
案名／番田住宅

儲藏室
食品儲藏庫

主臥房

鞋子收納間

客廳

玄關

門廊

木平台

飯廳、廚房

浴室

設在廚房邊雙重用途
在廚房邊預留大的收納空間。除了作為食品儲藏庫，也是很好用的儲藏室。

統一視線高度
廚房和客廳之間有四層台階。因為這樣的高度差，使得站在廚房的人和坐在客廳的人的視線一樣高，因而產生整體感。此外，台階也可以代替椅子，增加家人交流互動的空間。

一邊欣賞河川
浴室的窗戶面向河川而設，享受開闊的視野。

1F
1:200

029

在窗戶的高度上變花樣，稠密區也能有明亮的格局

位在獨棟住宅和木造公寓林立的下町住宅稠密區。基地位在小巷的盡頭。設計師被要求在這樣的環境下打造「明亮、開闊的居住空間」和「有別於周遭雜亂的印象、時尚的住宅外觀」。

設計師不斷縝密地研究各樓層的地板高度、開口部的位置、平面外形，嘗試在確保隱私的同時，獲得最大限度的自然光、風及寬闊的空間。

前提條件
家庭成員：夫妻＋小孩2人
基地條件：基地面積80.09㎡
建蔽率60%、容積率150%
4m寬的死巷路底，形狀不方正的土地。

案主的主要要求
• 簡單清爽的外觀
• 明亮、開闊的空間

※日本建築法為確保道路上空或鄰宅的日照、通風及採光，規定住宅建造時必須依照其與道路或鄰地邊界的距離，限制其各部分的高度。

✕ 拘泥於方正的平面，滿是缺陷

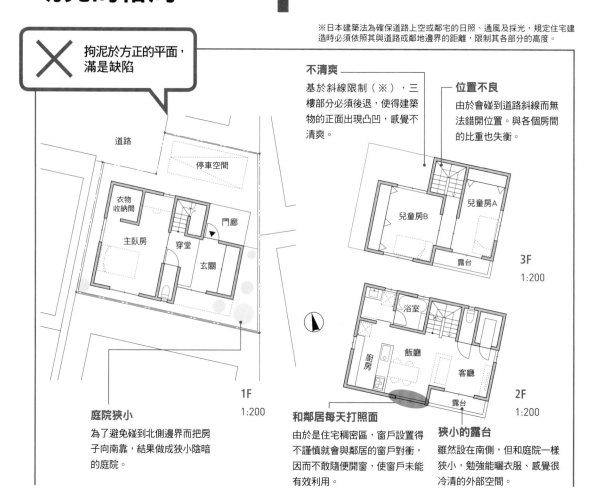

不清爽
基於斜線限制（※），三樓部分必須後退，使得建築物的正面出現凸凹，感覺不清爽。

位置不良
由於會碰到道路斜線而無法錯開位置。與各個房間的比重也失衡。

庭院狹小
為了避免碰到北側邊界而把房子向南靠，結果做成狹小陰暗的庭院。

和鄰居每天打照面
由於是住宅稠密區，窗戶設置得不謹慎就會與鄰居的窗戶對衝，因而不敢隨便開窗，使窗戶未能有效利用。

狹小的露台
雖然設在南側，但和庭院一樣狹小，勉強能曬衣服、感覺很冷清的外部空間。

平面上用點巧思，變成明亮、開闊的空間

攝影：上田宏（四幀皆是）

住宅稠密區也有外部空間
在頂樓的大天台可以盡情享受陽光和風。狹小的基地也能擁有舒暢的外部空間。

二樓ＬＤＫ上三樓的樓梯。樓梯的另一頭可以看到頂樓的天台

寬闊的LDK
二樓是採全部打通的開放式LDK。輕鋼架的樓梯將人的視線引向上方。

2F 1:200　**3F** 1:200

兒童房A　兒童房B
頂樓天台　挑高空間
廚房
客廳　飯廳

與天空相連
LDK的上方挑高，讓人可以越過天台眺望天空。

前面道路
停車空間
門廊　浴室
玄關　走道
主臥房
收納空間

清爽的外觀
外牆遠離道路，在平面的形狀上用點巧思，實現一到三樓筆直、清爽的外觀。

1F 1:200

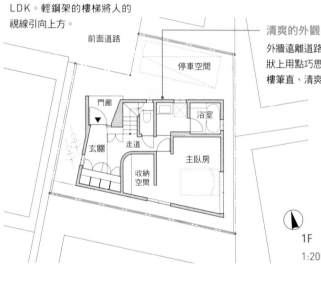

頂樓天台
客廳　飯廳
玄關　主臥房

稍微錯開
把一端的地板稍微抬高，在兩層之間設窗戶。避開鄰宅的窗戶，也把明亮的陽光引入室內。

基地面積／80.09㎡
樓地板面積／99.78㎡
設計／白子秀隆建築設計事務所
案名／下町的階梯屋

上：二樓的廚房和飯廳。光線自天窗灑落，通過挑高空間側邊的窗戶照進兒童房B
下：客廳上部。將天台的地板稍微抬高，做成高側窗

030

陽光自上方注入各個錯層的都市型住宅

旗竿型基地，建蔽率50%，容積率100%。而且四面緊貼著鄰宅，除了面道路那一側，其餘幾乎別指望採光，典型的都市型條件嚴苛的基地。

此規劃採用錯層式設計，光線從三層樓高的天窗灑落，連一樓客廳都照得到。那光線穿過鏤空的樓梯遍灑各個樓層。此外並利用容積放寬，打造半地下空間，確保充足的收納量。在外派國已習慣的美式流行室內陳設也別具一格。

前提條件
家庭成員：夫妻＋小孩3人
基地條件：基地面積90.99㎡
建蔽率50%、容積率100%
安靜的高級住宅區內的旗竿型基地。劃分成三塊分售的其中一塊，緊臨鄰宅。

案主的主要要求
• 明亮的客廳和大露台
• 家人隨時能互通聲息的格局
• 寬敞的盥洗空間

✕ 緊貼鄰宅的狀況處理得不夠

光線會不足
計劃利用挑高空間讓光線照進一樓，但前面的住家遮住了陽光，使得日照不夠充足。一樓客廳變成陰暗的空間。

用水區很遠
用水區距離餐廚區一個樓層、離客廳一層半，有一點遠。要通過主臥房前也令人在意。

不方便利用的收納
以錯層方式將餐廚區下方當作收納空間。要收放較高的物品有困難，況且能否輕易拿取、放入也有疑問。由於同時肩負著補足LDK收納空間不夠的任務，若無法輕易取用、收放，LDK就會堆滿雜物。

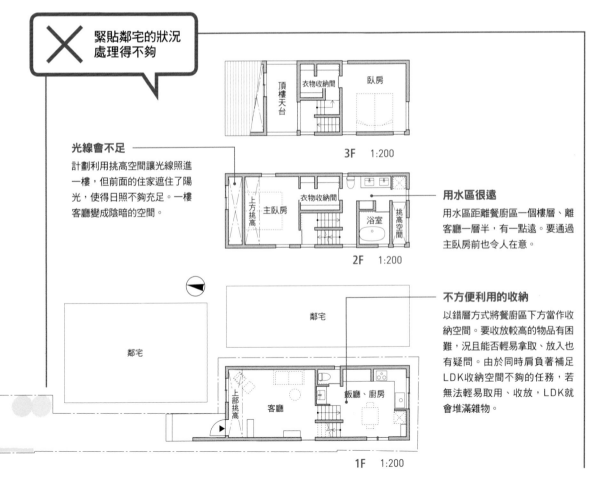

3F 1:200
2F 1:200
1F 1:200

自天窗採光，連玄關都照得到

左：從一樓未鋪地板的客廳往深處看。爬上樓梯就是餐廚區
右：從餐廚區的角度看向玄關。利用鏤空的樓梯讓視線穿透，增強空間的連結

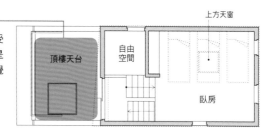

舒暢的空間
在北側、基地內唯一視線不受阻擋的位置設置天台。由於是三樓，具有私密性，成為感覺舒暢的空間。

上方天窗
頂樓天台
自由空間
臥房

3F　1:150

寬敞的用水區
儘管條件嚴峻，依然確保了寬敞的用水空間。配置在從LDK走過去不必經過主臥房的地方，並考慮到有3個女兒，設置了兩座洗臉台。

光線也能穿透樓梯到室內
以樓梯串連各個錯開的樓層，並做成鏤空，使上層的光線可以穿透到下層。鏤空的樓梯並帶來空間的整體感。

浴室
衣物收納間
挑高空間
穿堂
穿堂
主臥房

2F　1:150

明亮的土間客廳
兼作玄關用的土間客廳天花板挑高，是個明亮的空間。以錯層方式與餐廚區相連，不會有封閉感。

土間客廳
上方挑高
收納間2
飯廳、廚房
上方挑高

1F　1:150

娛樂室&收納間
利用容積率放寬制度，打造半地下層。地下室設有收納各種物品的空間和娛樂室。藉以維繫LDK整齊清爽的生活。

收納間1
地下室

地下層　1:150

基地面積／90.99㎡
樓地板面積／110.00㎡
設計、施工／KURASU
案名／奧澤之家

基地條件
可變性
採光
的交流
人與人
借景
動線
訪客
隱私
收納
特殊房間
多世代
出租

031
利用立體結構和視線的穿透克服狹窄的小住宅

課題是要如何在四周緊臨建築物的環境中打造明亮的客廳、家人可聚在一起的場所。

採用中島式廚房，打造讓家人自然匯聚的空間，一旁稍微墊高便成了客廳。在墊高部分的牆面設大片窗戶，使廚房望過去的視線產生穿透性。用長條板拼成通往閣樓的走道，來自高側窗的明亮光線會穿透走道照進室內。炎炎夏日可打開窗戶坐在窗邊，享受沁涼的啤酒。在日常生活中加入這樣令人期待的片刻。

前提條件
家庭成員：夫妻＋小孩2人
基地條件：基地面積80.95㎡
　　　　　建蔽率40%、容積率80%
　　　　　寧靜住宅區裡的狹小基地。東側（道路側）以外三面緊臨住家。

案主的主要要求
• 明亮的客廳
• 家人自然匯聚的場所
• 孩子能快樂生活、會感到雀躍的家

 平凡無奇的規劃，感覺不到豐富性

有點不便
站在廚房可以看到的是露台另一側的鄰宅，而且不容易掌握屋內整體動靜，由於家有正值調皮搗蛋年紀的小孩，可能有點不便。

平凡無奇的客廳
看不出居住在此的一家人的生活方式，呆板、平凡無奇的格局。視線也不能穿透，感覺不到豐富性。

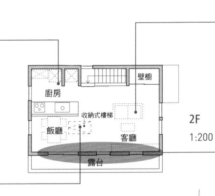

廚房
飯廳
收納式樓梯
客廳
壁櫥
露台

2F
1:200

不好利用
通往閣樓的樓梯採取收納式設計，雖然節省空間，但要搬大型物品時，上樓尤其不易。在孩子年紀小、物品增加快速的時期，閣樓的使用率若降低，等於糟蹋了這難得的空間。

不加思索就設在南側
以客廳的小大來說，這窗戶的數量和配置會讓整個二樓經常有日照，夏季強烈的陽光也會大量照進室內，變得不方便放置收納櫃。

浴室
主臥房
開放空間
玄關

停車空間

1F
1:200

用稍微墊高的客廳
打造充實的LDK

左：正面外觀
右：二樓LDK。站在廚房，視線可穿透對面的窗戶。廚房的上方是閣樓

攝影：渡邊慎一（三幀皆是）

閣樓也是棲身之所

上閣樓的樓梯採固定式，因而感覺多了一個房間，因為設有書架，還可以代替兒童房。通到閣樓的走道（貓道）用長條板拼成，使得從窗戶照進來的陽光也照得到一樓。

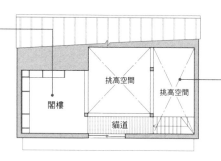

閣樓
1:150

活用斷面

墊高、天花板挑高、閣樓，展現種種高度差，強調縱向的寬廣（高度），成功在緊湊之中營造出寬闊感。

充分利用建築物的形狀

充分利用長方形平面的長邊，在一樓的樓梯口和二樓的樓梯口採回旋梯設計。形狀簡單，可節省空間。

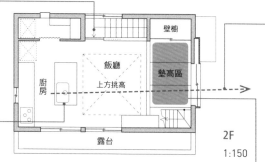

2F
1:150

家人一起

做成中島式廚房，成為家人容易聚集的場所。同時也可以一眼望盡室內，確認孩子們的情況，很放心。

視線穿透

在唯一會感覺開闊的道路這一側設置較大的窗戶，讓視線能穿透，感覺室內變開闊。由於窗戶的位置較低，像是附設窗台的矮窗般，又多了一個家人可以棲身的場所。

萬能！墊高的榻榻米區

以墊高的榻榻米區取代客廳。因為可以坐在榻榻米上，所以不需要沙發，也確保了飯廳的寬敞。並利用榻榻米下方作收納空間，此外還是爬上閣樓的第一層台階。

1F
1:150

基地面積／80.95㎡
樓地板面積／64.68㎡
設計、施工／岡庭建設
案名／富足之家

032

以小而完備的
一樓克服
特殊基地的
限制

有高低差的旗竿型基地，北側的地盤高3m以上，規劃上可利用的基地有限。

由於案主希望一樓具備完整的生活機能，因此將一樓設計成小而完備的空間，以便未來可以真的只在一樓生活。二樓則設置感覺像閣樓的兒童房，以及男主人的工作室和收納空間。

臥室和用水區雖然占用一樓相當大的面積，但因為有衣櫥前的副動線和臥房前的和室，使一樓的格局變得有效率又具有開闊感。

前提條件
家庭成員：夫妻＋小孩2人
基地條件：基地面積195.40㎡
　　　　　建蔽率40%、容積率60%
　　　　　寧靜住宅區裡有高低差的旗竿型基地。
案主的主要要求
• 一樓即可解決生活大小事的家
• 希望能考慮到家事動線
• 希望像小木屋那樣使用大量的木材

✕ 平庸的規劃，
感覺生活不便

小東西的收納空間很少
LDK周邊的收納空間很少，細部的考慮不足。日常各式各樣物品無處收放，變成要擺放收納家具。這麼一來就無法按照規劃的方式生活。

不會太大嗎？
先生的工作室格外寬敞。做成獨立的房間便成了先生專用，內部的收納空間也無法全家人共用。

1F
1:250

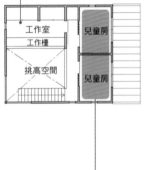

2F
1:250

臥房離LDK很近
作為生活空間的LDK離作為臥房用的和室太近，睡覺時會不安穩。和室與LDK連成一體的設計是不錯，但要作為臥房使用則有疑慮。

缺乏可變性
一開始就隔兩間兒童房，但孩子們需要個人房的期間其實很短。長大獨立之後，很可能淪為置物間。而且兒童房內也沒有設置收納空間。

中間隔著和室與LDK大致分開

左：二樓工作區和以布簾作隔間的收納空間
右：一樓LDK

用布簾隔間

不是立一面牆做成獨立房間，而是用布簾簡單區隔開來，做成全家人共用的收納空間。因為用布簾簡單隔間，不會給工作區造成壓迫感。

有景觀又開闊

工作區是個很舒服的地方，可以越過挑高空間眺望遠方。邊作業還能邊感知一樓的動靜。

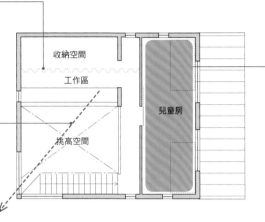

収納空間

工作區

兒童房

挑高空間

2F
1:150

只有一個入口

感情很要好的姊妹的房間則規劃成長條狀。雖然有考慮將來可能隔成兩個房間，不過還是只設計一個入口，希望屆時能共用。

門廊
玄關
廚房
盥洗室
浴室
穿堂
飯廳
櫥櫃
電腦
衣物收納間
木平台
客廳
和室
臥房
停車空間
曬衣場

1F
1:150

呈一直線的家事動線

從廚房到浴室的空間配置呈一直線。縮短家事動線，可以趁廚房作業的空檔輕鬆地做其他如洗衣等的家事。晾衣服時也可抄捷徑，改走衣物間前的通道，以最短距離到達曬衣場。

也作為緩衝

和室既是可放鬆休息、LDK的一部分，同時也是臥房和LDK之間的緩衝區。而且還是從用水區到曬衣場的洗衣動線，也是摺衣服的家事空間。

大容量的收納

地板稍微墊高的臥房設有完善的地板下收納空間（圖左側的抽屜式收納和圖右側的掀蓋式收納）。不僅可收放被褥，還可以彌補LDK收納空間的不足，收放電風扇等的季節性用品、有紀念性的物品等日常不太會用到的東西。

基地面積／195.40㎡
樓地板面積／97.92㎡
設計、施工／じょぶ
案名／適合老式家具的家

69

旗竿型基地也能打造明亮又開闊的二樓LDK

住宅區中最裡面、往往會很封閉的旗竿型基地。設計師反而利用其封閉性，打造成既保有隱私又具有開闊感的住宅。

露台四周用較高的護欄圍起來做成中庭的感覺，變成內外相連的空間。也可以當作曬衣場或孩子們的遊戲場，為多目的空間。客廳裡則設有許多舒適的角落，交由住的人開始在此生活之後再親自做最後的布置。以住戶中意的家具和品味，變成獨一無二的家。

前提條件
家庭成員：夫妻＋小孩2人
基地條件：基地面積122.18㎡
　　　　　建蔽率50%、容積率80%
　　　　　寧靜住宅區裡的旗竿型基地。光是竿子部分就有大約23㎡。
案主的主要要求
• 家人會聚在一起、日照良好的客廳
• 設置很多包含固定式家具的收納空間
• 希望確保隱私

 中庭完全沒有發揮作用

用途不明
猜不透這房間原本預設的用途為何。由整體的收納量來看，可能會成為儲藏室，但面積大小實在尷尬。

衣服要晾在哪裡？
不知道洗好的衣服應該晾在哪裡。不想晾在中庭，因為從玄關可以看得一清二楚，但是要拿到二樓的露台去晾又很遠。

閣樓收納空間

閣樓
1:250

廚房
飯廳
客廳
房間（儲藏室）
浴室
中庭
玄關
盥洗更衣室

1F
1:250

完全被看光
一樓是日常生活空間，為了讓廚房也有光線而設置中庭，因為這緣故，站在玄關前可以清楚看見整個日常生活空間。

沒有開闊感
未充分利用中庭的優點，各個房間都不具開闊感。尤其是二樓，每個房間都很小且分散。

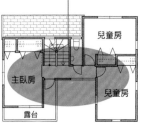

兒童房
主臥房
兒童房
露台

2F
1:250

露台和閣樓皆可將光線引入室內

左：二樓LDK。來自閣樓的光線也會照進客廳
右：二樓露台。轉角變成開口部，感覺上會比實際面積更寬廣

也從閣樓採光
來自閣樓窗戶的光線會透過挑高空間照到二樓的LDK。

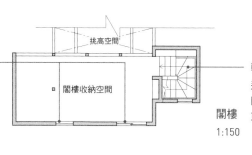

挑高空間

閣樓收納空間

閣樓
1:150

輕鬆愉快地上樓
通往寬敞閣樓的固定式樓梯。因為不是梯子，可以雙手拿著東西輕鬆上樓。

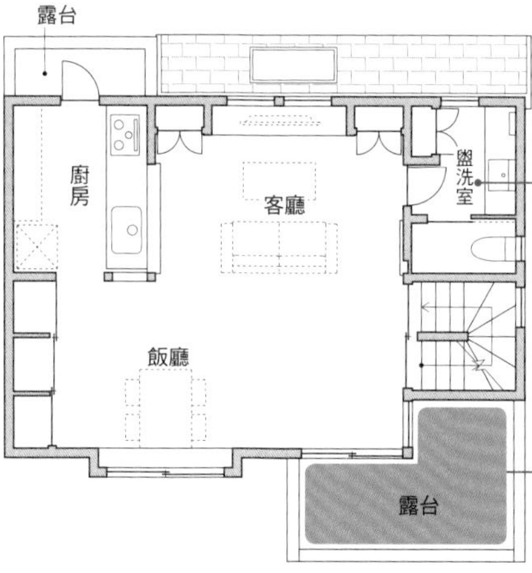

露台

廚房

客廳

盥洗室

飯廳

露台

2F
1:150

廁所就在旁邊照樣舒適
二樓也配置成套的盥洗室和廁所。雖然就在客廳旁邊，但要經由盥洗室到廁所，減輕了不自在的感覺。盥洗室布置得很溫馨，和客廳同樣成為寧靜祥和的空間。

連成一體的露台
築起圍牆確保隱私的露台，可作為孩子的遊戲區、曬衣場，用途多樣。由於透過轉角落地窗連接LDK，在LDK的任何角落都能看到、感覺到動靜。

充實的收納空間
每個房間都設有讓人一目瞭然的大收納間，方便收拾整理。

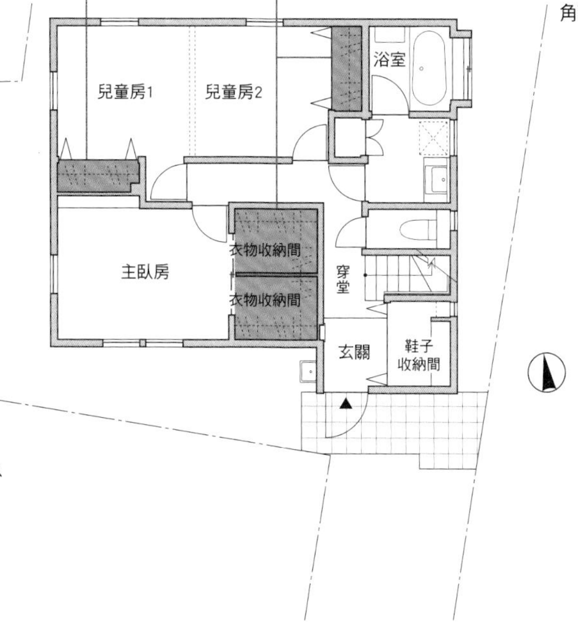

兒童房1

兒童房2

浴室

主臥房

衣物收納間

衣物收納間

穿堂

玄關

鞋子收納間

基地面積／122.18㎡
樓地板面積／97.71㎡
設計、施工／ハウステックス
案名／咖啡館風格的家

1F
1:150

034

不築牆而改採斜撐結構，克服極小基地的缺點

在狹長的基地，承重牆多半會阻斷空間和光線。以斜支柱構成承重牆，而不做成由上到下的整個牆壁，並分段配置房間和空間。一樓只大致地區隔空間，二樓則利用北側的斜屋頂採光，實現明亮且隨意的空間配置。

前提條件
家庭成員：夫妻＋小孩2人
基地條件：基地面積139.29㎡
　　　　　建蔽率60%、容積率168%
　　　　　面寬不到5m、深約28m的典型狹長基地，只有最後方稍微寬闊。周圍緊貼著鄰宅（還包括三層樓建築）的住宅稠密區。
案主的主要要求
• 明亮的居住環境
• 通風良好的住家
• 確保隱私

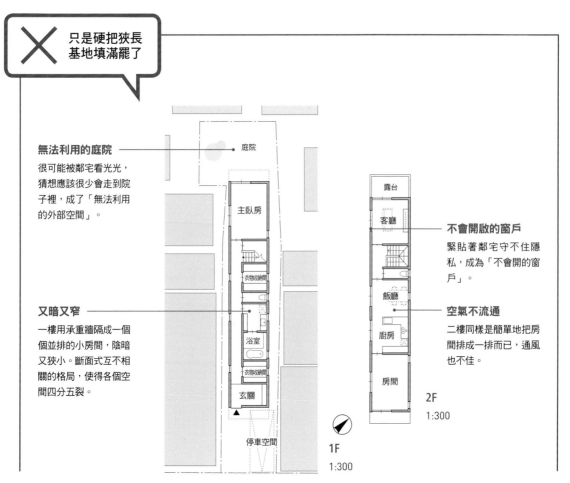

✕ 只是硬把狹長基地填滿罷了

無法利用的庭院
很可能被鄰宅看光光，猜想應該很少會走到院子裡，成了「無法利用的外部空間」。

又暗又窄
一樓用承重牆隔成一個個並排的小房間，陰暗又狹小。斷面式互不相關的格局，使得各個空間四分五裂。

庭院
主臥房
衣物收納間
浴室
衣物收納間
玄關
停車空間

1F
1:300

不會開啟的窗戶
緊貼著鄰宅守不住隱私，成為「不會開的窗戶」。

空氣不流通
二樓同樣是簡單地把房間排成一排而已，通風也不佳。

露台
客廳
飯廳
廚房
房間

2F
1:300

橫向相連、上下相通

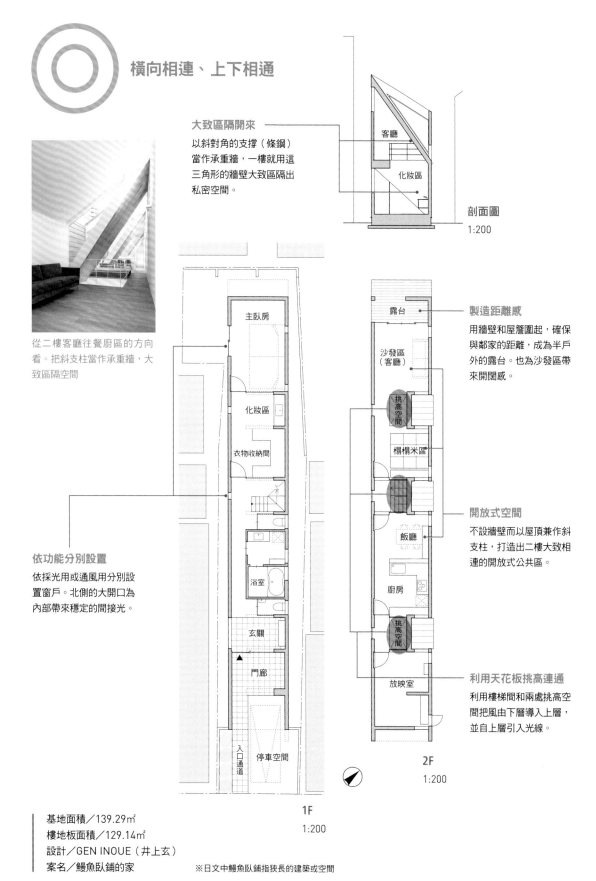

從二樓客廳往餐廚區的方向看。把斜支柱當作承重牆，大致區隔空間

大致區隔開來

以斜對角的支撐（條鋼）當作承重牆，一樓就用這三角形的牆壁大致區隔出私密空間。

客廳

化妝區

剖面圖
1:200

製造距離感

用牆壁和屋簷圍起，確保與鄰家的距離，成為半戶外的露台。也為沙發區帶來開闊感。

露台

沙發區（客廳）

挑高空間

榻榻米區

開放式空間

不設牆壁而以屋頂兼作斜支柱，打造出二樓大致相連的開放式公共區。

飯廳

廚房

挑高空間

利用天花板挑高連通

利用樓梯間和兩處挑高空間把風由下層導入上層，並自上層引入光線。

放映室

2F
1:200

依功能分別設置

依採光用或通風用分別設置窗戶。北側的大開口為內部帶來穩定的間接光。

主臥房

化妝區

衣物收納間

浴室

玄關

門廊

入口通道

停車空間

1F
1:200

基地面積／139.29㎡
樓地板面積／129.14㎡
設計／GEN INOUE（井上玄）
案名／鰻魚臥鋪的家

※日文中鰻魚臥鋪指狹長的建築或空間

73

035

將基地特性利用到極致，抬高到二樓的狹長住宅

此基地坐落的位置極為罕見，既位在河邊，同時也位在街道與堤防形成的夾角處。因此想要保持位在前端的特殊性，以及連結河邊與道路的基地特性。

設計師設想到環境會很潮濕，因而將生活空間抬高到超過堤防的高度，藉以取得瞭望的視野和開闊性。期待在抬高後的建築物中感受內外空氣和河水的流動，同時孕育出這片土地獨有的豐富多樣的生活。

前提條件
家庭成員：夫妻＋小孩3人
基地條件：基地面積195.53㎡
　　　　　建蔽率70%、容積率200%
　　　　　夾在街道和堤防間、河邊的狹長基地。
案主的主要要求
• 因位處寒冷地區，希望住起來很溫暖
• 有屋頂遮蔽的停車場
• 希望有窗景可以眺望

✕ 未能克服基地的缺點

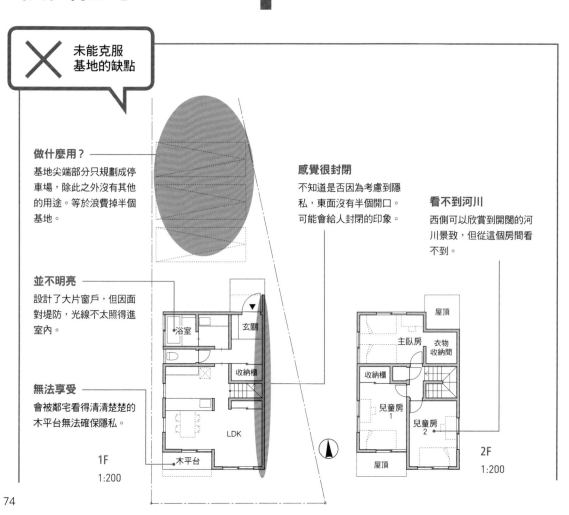

做什麼用？
基地尖端部分只規劃成停車場，除此之外沒有其他的用途。等於浪費掉半個基地。

感覺很封閉
不知道是否因為考慮到隱私，東面沒有半個開口。可能會給人封閉的印象。

看不到河川
西側可以欣賞到開闊的河川景致，但從這個房間看不到。

並不明亮
設計了大片窗戶，但因面對堤防，光線不太照得進室內。

無法享受
會被鄰宅看得清清楚楚的木平台無法確保隱私。

浴室　玄關
收納櫃
LDK
木平台
1F
1:200

屋頂
主臥房　衣物收納間
收納櫃
兒童房1
兒童房2
屋頂
2F
1:200

把房間抬高，創造出風景和整體感

從二樓廚房的角度看過去。屋頂型的天花板一直接連到後方，營造出室內的整體感和空間的延展。窗戶面向河川橫向排開，可以欣賞河川景致

攝影：田中宏明（兩幀皆是）

基地條件

可變性

採光

人與人的交流

借景

動線

訪客

隱私

收納

特殊房間

多世代

出租

把住家抬高

被堤防擋住看不見河川的一樓不配置房間，所有房間都移上二樓。下雨的日子，柱廊成了孩子玩耍的空間，進出一樓玄關也不會淋濕。

營造整體感

整個打通如筒狀的空間，讓所有居住在此的人都能產生整體感。

開放式LDK

視線可穿透、開放式的LDK。樓梯和走道也做整體設計，以提高開闊感。

從任何角落都看得見

利用水平連續的窗戶，讓所有房間都能欣賞到一望無際的美景。

不用擔心下雨

有屋頂遮蔽的私人露台。突然下雨也不必擔心晾在露台上的衣服。

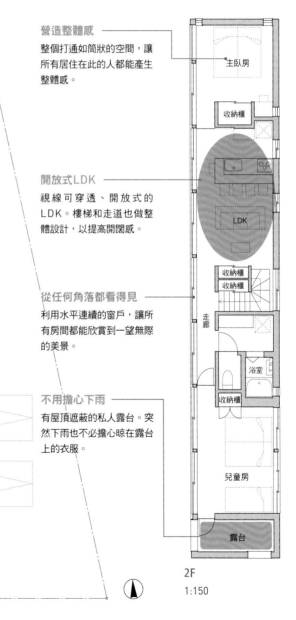

1F
1:150

基地面積／195.53㎡
樓地板面積／86.05㎡
設計／H.A.S.Market（長谷部勉）
案名／諏訪之家

收納櫃　玄關

主臥房
收納櫃
LDK
收納櫃
收納櫃
走廊
浴室
收納櫃
兒童房
露台

2F
1:150

75

036

利用錯層結構
克服狹小問題，
一家五口
快樂生活的家

狹小的基地要如何讓房子看起來比較寬敞？本身是一級建築師的屋主以此為重點，利用錯層方式打造出寬敞的空間。

從第一層的玄關到第六層的閣樓全部以噴塗硬質泡沫塑料的方式隔間，完全不使用拉門、隔扇等建具，所以可以想像整棟房子就像一只保溫瓶。最上層是三個女兒共用的兒童房，在一整個大空間裡設置書桌區、收納區和閣樓。

前提條件
家庭成員：夫妻＋小孩3人
基地條件：基地面積75.52㎡
　　　　　建蔽率60%、容積率180%
　　　　　面寬6.5m，北側臨馬路的狹小基地。北側之外的三面緊臨住家。
案主的主要要求
• 希望從停車場到玄關不會淋雨
• 儘管基地狹小，但希望能讓人感覺寬敞
• 孩子們的房間要大一點

 各樓層被斷開，
缺少家人的一體感

狹小局促
把車庫和玄關並排配置，不論車庫或玄關都感覺很擁擠。下雨天往返車庫和玄關之間會淋濕。

大而無用
繞行廚房的回遊動線確實不錯，但就面積來說，廚房那一側大得沒有意義。希望稍微改善比重失衡的狀況。

空氣無法流通
在有限的空間裡隔成三個房間，感覺空氣會不流通。為通風設想得不夠。

1F
1:200

2F
1:200

3F
1:200

可能會是孤立狀態
上下樓層間缺乏連結，兒童房會陷入孤立狀態。

以錯層方式
大致串連起
身處各層的家人

左：廚房。照片的右側擺有餐桌
右：從客廳看向廚房。利用錯層方式讓空間比看起來更開闊

寬廣的停車場

在結構上花心思下工夫，因而確保了原本與狹小基地無緣的大停車空間。即使停了兩台車還留有很寬的走道通到玄關。

中島式廚房

將水槽部分做成中島式，與餐桌連成一體。空間雖小依然形成回遊動線，改善家事效率。流理檯的檯面採用人工大理石，因此也可以製作甜點等。

縱向有效利用

不是單純地用樓梯串連起每一層，而是錯開南、北兩側樓層地板，三樓六層的錯層結構。使各層稍有連結，並可感覺到空間的擴大。

1F
1:150

2F
1:150

3F
1:150

視線可穿透

空間雖然被分成一區一區，但因為樓梯鏤空，視線可穿透，會感覺空間很寬敞。此外，也讓家人可以互通聲息。

大家都有閣樓

三樓的兒童房利用斜天花板，為三個小孩預備了各自的閣樓空間。在三人一起念書、玩耍的空間之外，還有可以獨處的空間。

基地面積／75.52㎡
樓地板面積／112.48㎡
設計、施工／ダイワ工務店
案名／狹小地也能感覺寬廣，三樓六層的錯
　　　層住宅

037

浮在半空的露台阻斷視線，室內外皆有藝術可欣賞的家

基地位在斜坡上的寧靜住宅區。在案主的要求下，設法將藝術品配置在各個角落。中庭的木平台四周環繞著圍牆以阻擋視線，在宜人的季節可以坐在木平台用餐、享受午茶時光。

利用建築物的凹凸或內縮適度阻擋外面的視線，並實現可感受與外部的淡淡連結及空間寬闊的生活。

前提條件
家庭成員：夫妻＋小孩2人
基地條件：基地面積233.89㎡
建蔽率50%、容積率100%
寧靜住宅區內有高低差的基地。東南邊有公園，視線可穿透。
案主的主要要求
• 一間臥房、兩間兒童房、一間客房（和室）
• 開放式的廚房
• 希望有放置藝術品的空間

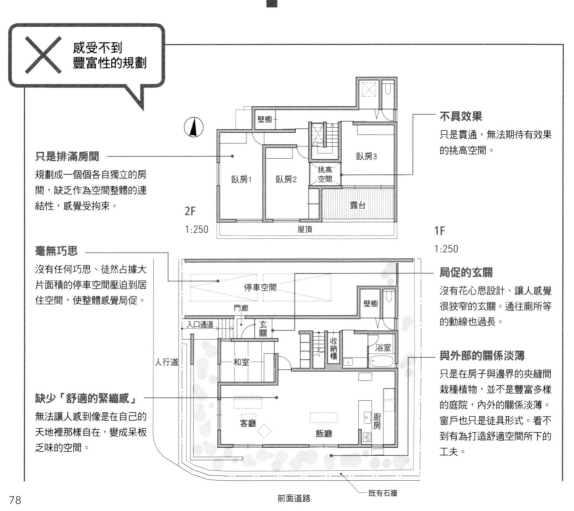

✕ 感受不到豐富性的規劃

只是排滿房間
規劃成一個個各自獨立的房間，缺乏作為空間整體的連結性，感覺受拘束。

不具效果
只是貫通，無法期待有效果的挑高空間。

毫無巧思
沒有任何巧思、徒然占據大片面積的停車空間壓迫到居住空間，使整體感覺局促。

局促的玄關
沒有花心思設計、讓人感覺很狹窄的玄關。通往廁所等的動線也過長。

缺少「舒適的緊繃感」
無法讓人感到像是在自己的天地裡那樣自在，變成呆板乏味的空間。

與外部的關係淡薄
只是在房子與邊界的夾縫間栽種植物，並不是豐富多樣的庭院，內外的關係淡薄。窗戶也只是徒具形式。看不到有為打造舒適空間所下的工夫。

2F 1:250

1F 1:250

壁櫥
臥房3
挑高空間
露台
屋頂
臥房1
臥房2

停車空間
門廊
壁櫥
入口通道
玄關
收納櫃
浴室
人行道
和室
客廳
飯廳
廚房
既有石牆
前面道路

以包圍中庭的L型平面
向內外展示藝術品

左：西南側外觀
右：一樓客廳往中庭方向看。正面看到的水泥箱涵是木平台

攝影：松村康平（三幀皆是）

藝術中庭

草地上放置藝術作品的中庭。放置會隨風擺動的藝術作品，可享受自然的氣息，並欣賞建築物表情的變化等。除了一樓客廳之外，從二樓的臥房也可以看到。

寬鬆的連結

臥房1和2透過挑高空間與客廳相連，可感覺到家人的動靜。只要拉上可動式拉門就可以獨自擁有房內空間。

擺飾藝術品

可在橫長的固定式展示架上擺飾藝術品美化空間。

輕鬆自在的空間

柔和的光線從挑高空間上方的天窗灑落客廳，可以邊休息邊隔著柴爐欣賞中庭的綠意和藝術品。

獨立的外部空間

為了能擁有寧靜祥和的時光，刻意讓木平台離建築物一段距離，並用高度足以遮擋周遭視線的牆壁圍起來。

以懸空的方式連結

將木平台稍微架高，讓人感覺到空間的縱深。一方面適度阻擋外面的視線，也實現舒適自在的空間。

視線可穿透

從臥房2可以看到挑高空間那一頭，感覺到空間的延展。

可眺望公園

為欣賞公園綠意而設的窗戶。觀察周邊環境考量的開口位置。

功能性的動線規劃

確保倒垃圾、晾衣服等的家事動線。為動線設想之餘，還可在房子與邊界間的狹小空間上栽種植物，讓人可以從浴室和飯廳的窗戶欣賞到綠意。

享受中庭美景

從和室可欣賞到與客廳不同角度的庭園綠意，也可以直接走到戶外的庭院。

剖面圖 1:250

臥房1
樓梯間
露台
木平台
客廳
中庭

天井

2F 1:250

壁櫥1
挑高空間
空橋
壁櫥2
臥房2
臥房1
臥房前室
壁櫥
露台
臥房3

1F 1:250

入口通道
玄關
浴室
停車空間
客廳
廚房
中庭
飯廳
和室
木平台

基地面積／233.89㎡
樓地板面積／162.59㎡
設計／坂本昭・設計工房CASA
案名／外院之家

038

建造如城牆般的圍牆，利用光的反射照亮室內

大大小小各種建築物稠密到毫無空隙的老舊住宅區裡，日照時間有限的基地。在基地深處建造有如古代城牆的高大圍牆，並讓建築物與圍牆之間保留細溝般的空隙。

陽光在空隙間不斷反射，為建築物的各個樓層帶來柔和的間接光。彷彿擁有伴隨正常的時間軸而來的另一個時間軸的日光。

前提條件
家庭成員：夫妻＋小孩1人
基地條件：基地面積51.63㎡
　　　　　建蔽率60%、容積率160%
　　　　　有一邊是銳角的狹小變形基地。大大小小的建築物密集，西南面與鄰棟大樓的露台靠得很近。

案主的主要要求
• 環境條件嚴苛，但希望有光線和風
• 夫妻倆都會值夜班，所以不重視早晨的陽光
• 廁所和盥洗室各自獨立

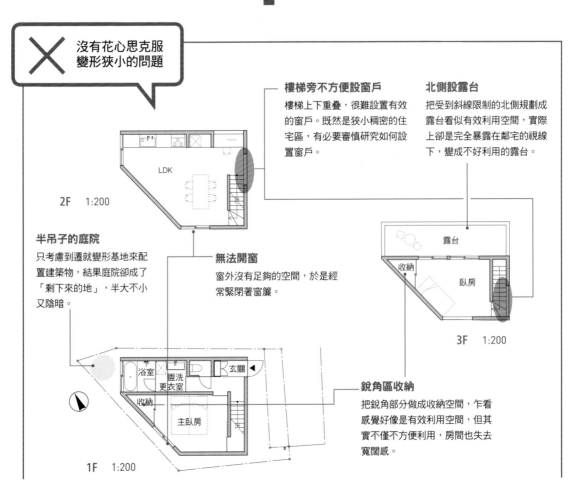

✕ 沒有花心思克服變形狹小的問題

樓梯旁不方便設窗戶
樓梯上下重疊，很難設置有效的窗戶。既然是狹小稠密的住宅區，有必要審慎研究如何設置窗戶。

北側設露台
把受到斜線限制的北側規劃成露台看似有效利用空間，實際上卻是完全暴露在鄰宅的視線下，變成不好利用的露台。

2F　1:200
LDK

半吊子的庭院
只考慮到遷就變形基地來配置建築物，結果庭院卻成了「剩下來的地」，半大不小又陰暗。

無法開窗
窗外沒有足夠的空間，於是經常緊閉著窗簾。

露台
收納
臥房
3F　1:200

浴室
盥洗更衣室
玄關
收納
主臥房

銳角區收納
把銳角部分做成收納空間，乍看感覺好像是有效利用空間，但其實不僅不方便利用，房間也失去寬闊感。

1F　1:200

竭盡所能地利用基地，換得光線和寬闊感

左：一樓浴室。銳角區也減輕了浴室的封閉感
右：二樓LDK。弓形窗戶的對面是全白的大面牆壁。陽光照在牆上反射出的光線，讓室內變明亮

攝影：淺川敏（三幀皆是）

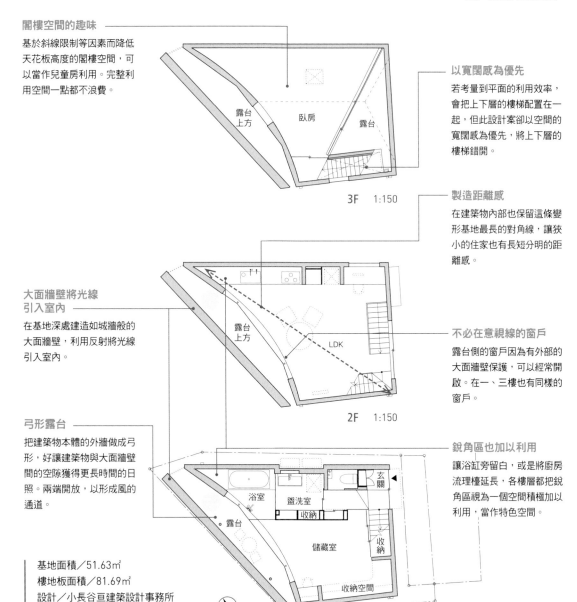

閣樓空間的趣味

基於斜線限制等因素而降低天花板高度的閣樓空間，可以當作兒童房利用。完整利用空間一點都不浪費。

露台上方　臥房　露台

3F　1:150

以寬闊感為優先

若考量到平面的利用效率，會把上下層的樓梯配置在一起，但此設計案卻以空間的寬闊感為優先，將上下層的樓梯錯開。

製造距離感

在建築物內部也保留這條變形基地最長的對角線，讓狹小的住家也有長短分明的距離感。

大面牆壁將光線引入室內

在基地深處建造如城牆般的大面牆壁，利用反射將光線引入室內。

露台上方　LDK

2F　1:150

不必在意視線的窗戶

露台側的窗戶因為有外部的大面牆壁保護，可以經常開啟。在一、三樓也有同樣的窗戶。

弓形露台

把建築物本體的外牆做成弓形，好讓建築物與大面牆壁間的空隙獲得更長時間的日照。兩端開放，以形成風的通道。

浴室　盥洗室　收納　玄關　收納　儲藏室　收納　露台　收納空間

1F　1:150

銳角區也加以利用

讓浴缸旁留白，或是將廚房流理檯延長，各樓層都把銳角區視為一個空間積極加以利用，當作特色空間。

基地面積／51.63㎡
樓地板面積／81.69㎡
設計／小長谷亘建築設計事務所
案名／U House

039

利用T形平面和在邊界上築牆，在基地深處打造中庭

位在寧靜住宅區，面向後方、略微狹長的基地。案主希望在這裡建造家人的居所和一戶出租住宅。設計師考量出入的便利性，將出租住宅設在靠馬路那一側，住家部分主要設在基地後方。

由於案主希望室內與庭院相通，因此利用圍牆和建築在基地後方圍出一片庭院，與LDK連結。並採用木造窗框，講究質感。估量與出租住宅的距離，同時盡量兼顧各個空間的寬闊感。

前提條件

家庭成員：夫妻＋小孩2人

基地條件：基地面積120.62㎡
建蔽率40%、容積率80%
散布著農田和公園的寧靜住宅區。基地形狀狹長，縱深與寬度近乎1：2。

案主的主要要求

• 室內與庭院連通、有中庭的家
• 附設一戶單身出租套房
• 希望兒童房離出租住宅遠一點
• 希望做成對面式的廚房

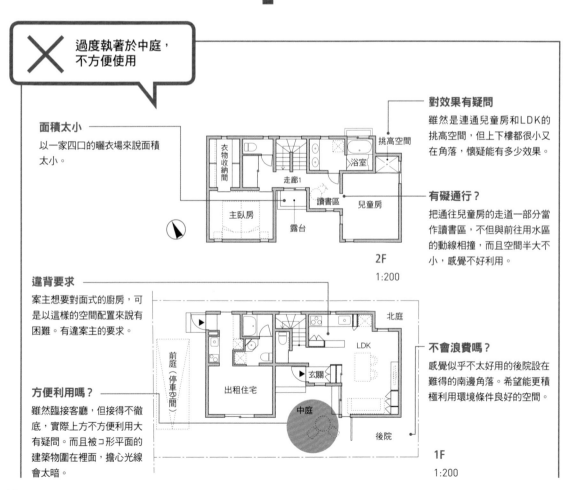

✕ 過度執著於中庭，不方便使用

面積太小
以一家四口的曬衣場來說面積太小。

對效果有疑問
雖然是連通兒童房和LDK的挑高空間，但上下樓都很小又在角落，懷疑能有多少效果。

有礙通行？
把通往兒童房的走道一部分當作讀書區，不但與前往用水區的動線相撞，而且空間半大不小，感覺不好利用。

衣物收納間　走廊1　讀書區　兒童房　主臥房　露台　挑高空間　浴室

2F
1:200

違背要求
案主想要做對面式的廚房，可是以這樣的空間配置來說有困難。有違案主的要求。

方便利用嗎？
雖然臨接客廳，但接得不徹底，實際上方不方便利用大有疑問。而且被ㄇ形平面的建築物圍在裡面，擔心光線會太暗。

前庭（停車空間）　出租住宅　玄關　LDK　北庭　中庭　後院

不會浪費嗎？
感覺似乎不太好用的後院設在難得的南邊角落。希望能更積極利用環境條件良好的空間。

1F
1:200

花心思設計中庭位置，為整體帶來寬闊感

廚房。實現案主要求的對面式廚房。照片後方的樓梯旁邊是玄關

客廳與中庭的關係。用木製門和大片玻璃營造出緊密的關係

寬敞有餘裕
打造還內含備用廁所、寬敞的用水區。二樓因為設有廁所而成為完整的私人空間。

立體式的擴大
上方設置閣樓，以立體式的空間結構，創造出超乎實際面積的寬闊感和樂趣。

有效的利用
將玄關上方挑高，再結合樓梯間，大大敞開。從樓梯間的窗戶照進室內的光線不僅讓一樓變明亮，也讓二樓的讀書區變成明亮又寬敞的空間。

日照良好
曬衣露台很寬敞，且設在日照良好的地點。確保足夠的空間可以曬一家四口的衣物。

主臥房　盥洗更衣室　浴室　兒童房　上方為閣樓　讀書區　挑高空間　露台

2F
1:150

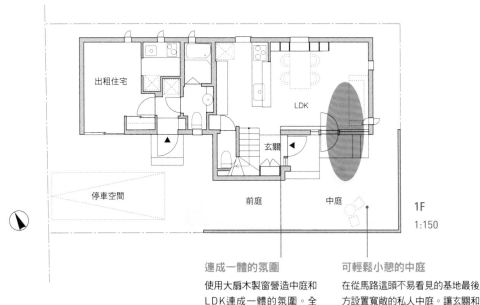

出租住宅　LDK　玄關　停車空間　前庭　中庭

1F
1:150

連成一體的氛圍
使用大扇木製窗營造中庭和LDK連成一體的氛圍。全部打通的LDK因為客廳與中庭相連而更加寬闊。

可輕鬆小憩的中庭
在從馬路這頭不易看見的基地最後方設置寬敞的私人中庭。讓玄關和廁所向外凸出，再使用木板將基地一角圍起來，營造成四面環抱的舒適感。

基地面積／120.62㎡
樓地板面積／96.27㎡
設計／オノ・デザイン建築設計事務所（小野喜規）
案名／武藏野之家

040

家中任何角落都可享受中庭、口字平面的二樓LDK

離北鎌倉車站步行約十分鐘距離的住宅。一到週末北鎌倉車站便擠滿觀光人潮，但基地周邊卻是以山為背景、一望無際的傳統住宅用地。

為了感受鎌倉歷史悠久的氛圍，也為了與觀光區的喧鬧保持距離，計劃蓋成中庭形式的住宅。作為生活重心的二樓LDK面向中庭敞開，成為明亮、輕鬆自在的空間。

前提條件
家庭成員：夫妻＋小孩2人
基地條件：基地面積135.33㎡
建蔽率80%、容積率200%
西側有道路的矩形基地。東側和南側鄰近建築物，無法期待有日照。
案主的主要要求
• 能感受鎌倉氛圍的家
• 希望有間可擺飾骨董的和室
• 想擺放自己喜歡的家具

✕ 浪費許多空間，無法享受生活

空間無法獨立
兒童房內未預留擺放書桌的空間，所以推測想要利用這地方念書寫功課。年紀還小時是無妨，可是長大後想要專心用功時，這樣的結構無法改成獨立的空間。

不必要的長
走廊的動線長得沒有意義，占據過多地板面積。

不必要的大
走進玄關，視線可直線穿透看到南側中庭，這樣固然不錯，但穿堂大到超出實際需要。

離太遠
外部露台看起來很有趣，可是會不會離廚房太遠？想要喝茶還得端大老遠的距離才行。

也要考慮管理問題
把中庭分散開來雖然有到處皆可親近綠意的好處，但每個中庭都很小，感覺既無法為室內帶來充足的採光，植物等的管理也會很麻煩。

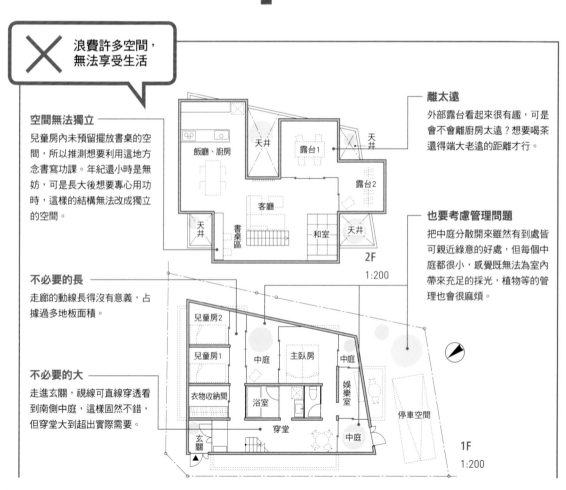

環繞中庭配置各個房間，營造種種場景

攝影：池本史彥
（三幀皆是）

從露台3往露台1的方向看。左後方的室內是餐廚區。露台1串連起各個空間也帶來寬闊感

二樓和室。配置成口字平面而與LDK切割開來，成為可享受竹柵式天花板等日式品味的空間

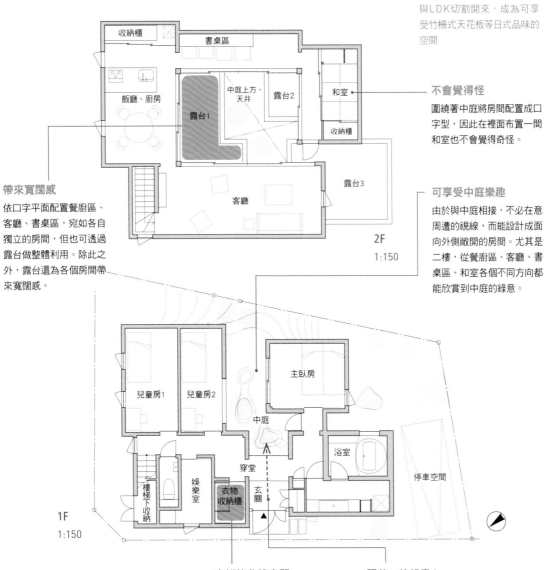

收納櫃
書桌區
飯廳、廚房
中庭上方、天井
露台2
和室
收納櫃
露台1
露台3
客廳

2F
1:150

兒童房1
兒童房2
主臥房
中庭
浴室
停車空間
穿堂
樓梯下收納
娛樂室
衣物收納櫃
玄關

1F
1:150

不會覺得怪

圍繞著中庭將房間配置成口字型，因此在裡面布置一間和室也不會覺得奇怪。

帶來寬闊感

依口字平面配置餐廚區、客廳、書桌區，宛如各自獨立的房間，但也可透過露台做整體利用。除此之外，露台還為各個房間帶來寬闊感。

可享受中庭樂趣

由於與中庭相接，不必在意周遭的視線，而能設計成面向外側敞開的房間。尤其是二樓，從餐廚區、客廳、書桌區、和室各個不同方向都能欣賞到中庭的綠意。

充裕的收納空間

在玄關旁配置有別於鞋櫃的另一個共用衣櫥，用來掛外套等，使玄關附近有充裕的收納空間。

眼前一片綠意！

打開玄關門，中庭的綠樹便隔著穿堂漂亮地出現在眼前。

基地面積／135.33㎡
樓地板面積／116.30㎡
設計／篠崎弘之建築設計事務所
案名／House Y2

基地條件
可變性
採光
人與人的交流
借景
動線
訪客
隱私
收納
特殊房間
多世代
出租

85

041

在箱子中內建箱子
讓人感覺
受到保護
同時又開闊

位在田園地帶,是由東到西南展望良好的基地。因為這緣故,內部空間規劃一方面重視安全感,同時力求做成內含可放眼遠望的開口的結構、形態。

把大小兩只箱子錯開角度套在一起,用這樣簡單的概念構成平面,並將箱子與箱子間的空隙做成露台和兒童房。將房子中央挑高,打造能傳遞全家人動靜的單間式住家,同時考慮到隔音問題,在主臥房加裝隔音設備、設置隔音的音樂工作室等。

前提條件
家庭成員:夫妻(+未來的小孩)
基地條件:基地面積427.00㎡
　　　　　建蔽率60%、容積率200%
　　　　　農村地帶的長方形基地。
　　　　　高出道路約2m。
案主的主要要求
• 希望有隔音的音樂工作室、訪客用玄關
• 希望夫妻有各自的書庫和書房
• 希望有挑高空間,冷暖氣效率佳

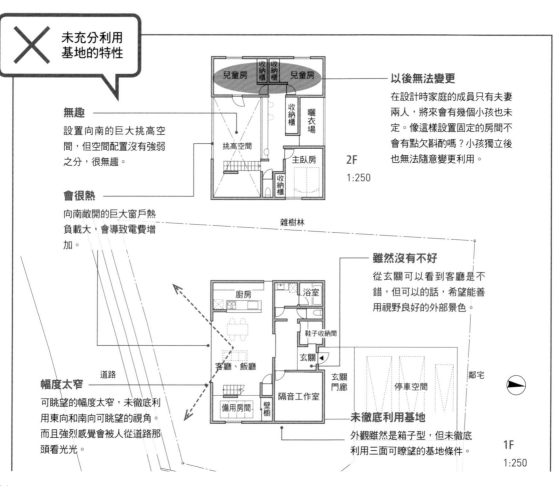

╳ 未充分利用基地的特性

無趣
設置向南的巨大挑高空間,但空間配置沒有強弱之分,很無趣。

會很熱
向南敞開的巨大窗戶熱負載大,會導致電費增加。

以後無法變更
在設計時家庭的成員只有夫妻兩人,將來會有幾個小孩也未定。像這樣設置固定的房間不會有點欠斟酌嗎?小孩獨立後也無法隨意變更利用。

兒童房　收納櫃　收納櫃　兒童房
收納櫃
挑高空間　曬衣場
主臥房
收納櫃

2F
1:250

雜樹林

雖然沒有不好
從玄關可以看到客廳是不錯,但可以的話,希望能善用視野良好的外部景色。

廚房　浴室
鞋子收納間
客廳、飯廳　玄關
道路　玄關門廊　停車空間　鄰宅
備用房間　壁櫥　隔音工作室

幅度太窄
可眺望的幅度太窄,未徹底利用東向和南向可眺望的視角。而且強烈感覺會被人從道路那頭看光光。

未徹底利用基地
外觀雖然是箱子型,但未徹底利用三面可瞭望的基地條件。

1F
1:250

利用箱子的組合
擴大可能性和視野

攝影：上田宏
（三幀皆是）

傍晚時的建築物外觀。在簡單的箱子中放進另一只轉了個角度的箱子

一樓廚房前方的視角。雖然有牆壁保護，視線依然可以往前、往上、往旁邊穿透的開放式結構

房子的中心

從客廳往上看，四面都有房間，可以知道二樓情況的大挑高空間。跳脫「挑高即等於臨接大片窗戶」的既有觀念，不會有來自窗戶的冷風，使冷、暖氣的效率提升。

可自由更動

暫時作為「兒童房」，但可依房間的用途自由更動隔間。作為兒童房時，這裡只會有睡覺空間，而在大廳布置讀書等的場所。

溫暖且明亮

由於未臨接外牆，不會有窗戶造成的熱損失。因此設置天窗，利用天窗採光、通風。

家庭圖書館

在挑高空間四周的牆面上設置書架，全家人共用。

書房2

衣物收納間

書房1

衣物收納間

浴室

家人共用衣櫥

主臥房

上方天窗

兒童房

挑高空間

曬衣場

兒童大廳

2F
1:200

雜樹林

到處都受到保護

用外牆製造安全感，同時獲得廣闊的視野，不論從廚房或飯廳都可遠眺戶外風景。

道路

有如屋簷下

做成大小成套的箱子這構想創造出兩個露台，有如屋簷下的空間。露台不同於庭院，以接近室內的外部空間形式，擴大生活的範圍。

後陽台

食品儲藏庫

廚房

隔音工作室

備用房間

壁櫥

露台

客廳飯廳

露台

玄關門廊

玄關

停車空間

鄰宅

完備的家事空間

在廚房旁邊設置大型食品儲藏庫，從食品儲藏庫可直通後陽台，充實廚房四周的空間。

1F
1:200

基地面積／427.00㎡
樓地板面積／143.78㎡
設計／石川淳建築設計事務所
案名／箱子之家12

從玄關穿堂也看得到

走入玄關便可隔著正面的露台看到外面的景色。

有變化的設計

在箱子裡以錯開角度的方式放進另一只箱子，為設計增添變化。因角度錯開而產生的空間讓室內更加寬裕，並成為外觀上的特色。

042

走過「櫃子橋」到露台，重視距離感的空間配置

可以在生活中與家人保有適度距離感的家。庭院的對面就是父母家，如何維繫與父母家的關係和確保隱私也是很重要的課題。設計師提出在中間設置露台阻隔視線作為解決方案。

此外，家庭內的距離感也很受重視，因而提出各種區隔空間的方案，力求做到不過度開放，也不過度封閉，恰到好處的空間連結。

前提條件
家庭成員：夫妻＋小孩1人
基地條件：基地面積189.07㎡
　　　　　建蔽率60%、容積率160%
　　　　　旗竿型基地。北側展望良好。南側有妻子的娘家，娘家的飯廳向北，兩家之間的私密性令人在意。
案主的主要要求
• 希望有個空間能靜下心來看書
• 家人間保有適度的距離感
• 與娘家保有適度的距離感

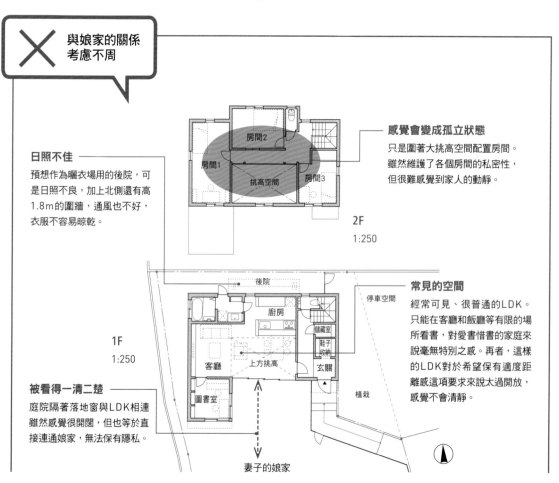

✕ 與娘家的關係考慮不周

日照不佳
預想作為曬衣場用的後院，可是日照不良，加上北側還有高1.8m的圍牆，通風也不好，衣服不容易晾乾。

感覺會變成孤立狀態
只是圍著大挑高空間配置房間。雖然維護了各個房間的私密性，但很難感覺到家人的動靜。

常見的空間
經常可見、很普通的LDK。只能在客廳和飯廳等有限的場所看書，對愛書惜書的家庭來說毫無特別之感。再者，這樣的LDK對於希望保有適度距離感這項要求來說太過開放，感覺不會清靜。

被看得一清二楚
庭院隔著落地窗與LDK相連雖然感覺很開闊，但也等於直接連通娘家，無法保有隱私。

2F 1:250

房間2
房間1
挑高空間
房間3

1F 1:250

後院
廚房
停車空間
儲藏室
鞋子收納
客廳
上方挑高
圖書室
玄關
植栽

妻子的娘家

讓閱讀空間散布在四處

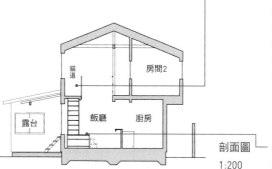

剖面圖
1:200

還有這樣的角落
兼作維修挑高空間上部窗戶之用的貓道。就算沒事偶爾爬上這地方也不錯。對小孩來說，這裡會是專屬於自己的特別角落。

爬上收納櫃！
大致區隔飯廳和客廳的收納櫃，同時也是通到陽台的高台階，以及爬上貓道的樓梯平台。

上：一樓廚房和飯廳。越過右側面前的收納櫃便可走出露台
下：南側外觀。面向露台的窗戶採腰窗設計，形成與娘家隔著露台相對的形式

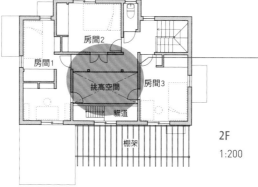

2F
1:200

可感覺到動靜
每個房間都設有面向挑高空間的窗戶，可以感覺到其他房間和樓下家人的動靜。

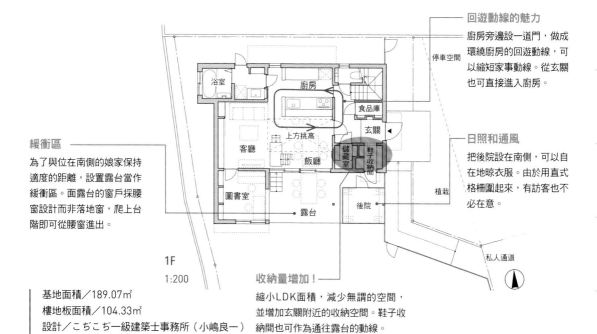

1F
1:200

回遊動線的魅力
廚房旁邊設一道門，做成環繞廚房的回遊動線，可以縮短家事動線。從玄關也可直接進入廚房。

日照和通風
把後院設在南側，可以自在地晾衣服。由於用直式格柵圍起來，有訪客也不必在意。

緩衝區
為了與位在南側的娘家保持適度的距離，設置露台當作緩衝區。面露台的窗戶採腰窗設計而非落地窗，爬上台階即可從腰窗進出。

收納量增加！
縮小LDK面積，減少無謂的空間，並增加玄關附近的收納空間。鞋子收納間也可作為通往露台的動線。

基地面積／189.07㎡
樓地板面積／104.33㎡
設計／こぢこぢ一級建築士事務所（小嶋良一）
案名／和書一起生活的家

043

打造光的通道，將LDK配置在一樓北側

　　四面都被鄰宅所包圍的旗竿型基地。刻意把LDK配置在環境最惡劣的一樓北側，在二樓南側的上方設置開口讓光線穿過二樓直達LDK，利用這樣的剖面構造為整個住宅創造出光與風的流動。

　　不是竭盡所能把旗面部分的容積填滿，而是納進看得見天空的外部空間，以及有屋簷的半戶外空間等，藉此確保隱私，同時實現明亮又開闊的居住空間。

前提條件
家庭成員：夫妻＋小孩3人
基地條件：基地面積146.82㎡
　　　　　建蔽率60%、容積率168%
　　　　　典型的旗竿型基地。旗面部分四面緊臨住家，不僅難以確保採光和通風，連保護隱私都有困難。

案主的主要要求
• 明亮且通風良好的家
• 確保隱私
• 白色立方體的外觀和可享受的外部空間

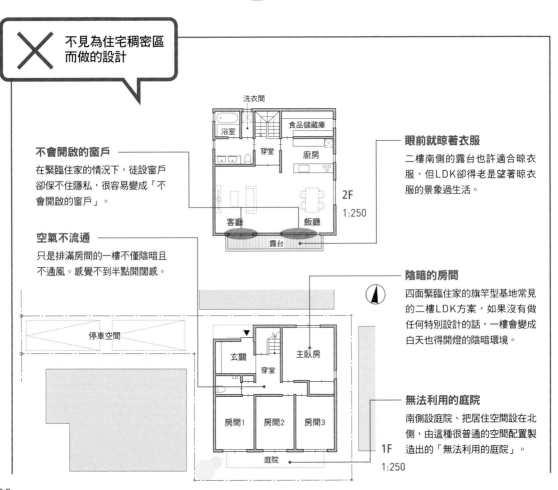

✕ 不見為住宅稠密區而做的設計

不會開啟的窗戶
在緊臨住家的情況下，徒設窗戶卻保不住隱私，很容易變成「不會開啟的窗戶」。

空氣不流通
只是排滿房間的一樓不僅陰暗且不通風。感覺不到半點開闊感。

眼前就晾著衣服
二樓南側的露台也許適合晾衣服，但LDK卻得老是望著晾衣服的景象過生活。

陰暗的房間
四面緊臨住家的旗竿型基地常見的二樓LDK方案，如果沒有做任何特別設計的話，一樓會變成白天也得開燈的陰暗環境。

無法利用的庭院
南側設庭院、把居住空間設在北側，由這種很普通的空間配置製造出的「無法利用的庭院」。

2F 1:250

洗衣間　食品儲藏庫
浴室　穿堂　廚房
客廳　飯廳　露台

1F 1:250

停車空間
玄關　穿堂　主臥房
房間1　房間2　房間3
庭院

利用來自上方的光線
讓家中變得明亮、舒爽

經過計算的高度
調整窗戶的高度和位置，以便夏季能遮擋炎熱的日照，並讓冬季的日照到達LDK。

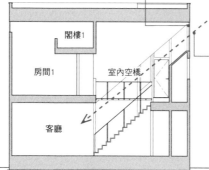

閣樓1

房間1　　　室內空橋

客廳

剖面圖
1:200

打造光的通道
打造從二樓南側到一樓北側的光的通道，使整個住家環境變得明亮又開闊。

閣樓1　閣樓2　閣樓3

閣樓
1:200

上：南側外觀。中央的窗戶採高側窗設計，是光線的入口
下：一樓LDK。自二樓引入的光線會照到一樓北側

主臥房
下部：地板下收納空間

房間1　房間2　房間3

書房

挑高空間　室內空橋　挑高空間

外部天井

曬衣場1　曬衣場2

2F
1:200

向中庭敞開
讓玄關退到後方，把玄關前設計成兼具庭院功能和植栽空間的中庭式露台，使每個房間都能感受到室外的綠意。此外，每個房間都從與中庭相連的玄關挑高空間採光，因此能同時保有隱私和開闊的生活空間。

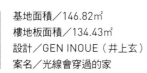

停車空間

食品儲藏庫

客廳　　廚房

入口通道

中庭露台　玄關　飯廳

小院子

腳踏車停車場

鞋子收納間　　　浴室

1F
1:200

基地面積／146.82㎡
樓地板面積／134.43㎡
設計／GEN INOUE（井上玄）
案名／光線會穿過的家

內部和外部印象大異其趣的住宅。外部給人封閉的印象，內部則是白色的牆面和天花板流動般地相連，使光線擴散，同時引入深處，打造出明亮的室內環境。

二樓的客廳前設置用牆壁圍起來的露台，透過露台的開口間接地將光引入室內。因為這個非徹底的外部也不屬於內部、中間性質的露台，讓它成為可以不必在意外面的視線，放寬心無拘無束生活的住家。

044

利用阻斷
周遭視線的
「外部房間」
得到寬闊感

前提條件
家庭成員：夫妻＋小孩2人
基地條件：基地面積138.96㎡
　　　　　建蔽率50%、容積率80%
　　　　　老住宅區的轉角地。基地內有約2m的高
　　　　　低差。北側道路的對面有集合住宅，來自
　　　　　集合住宅的視線令人擔心。
案主的主要要求
• 四周沒有想看的景觀，所以希望做成封閉式
• 可感覺到家人動靜的明亮住家
• 圖書區、鋼琴空間、工作空間

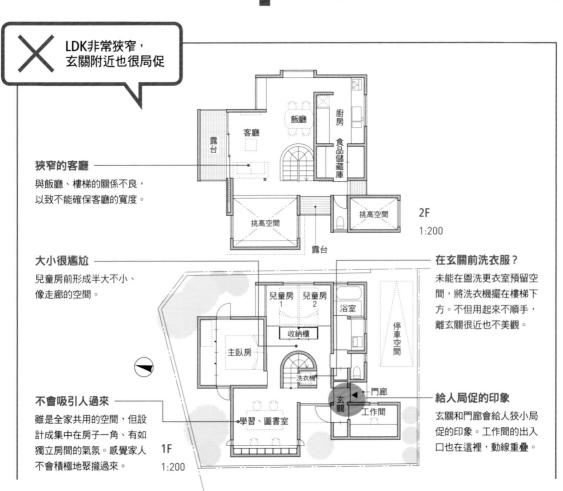

✕ LDK非常狹窄，玄關附近也很局促

狹窄的客廳
與飯廳、樓梯的關係不良，以致不能確保客廳的寬度。

2F 1:200

大小很尷尬
兒童房前形成半大不小、像走廊的空間。

在玄關前洗衣服？
未能在盥洗更衣室預留空間，將洗衣機擺在樓梯下方。不但用起來不順手，離玄關很近也不美觀。

不會吸引人過來
雖是全家共用的空間，但設計成集中在房子一角、有如獨立房間的氣氛。感覺家人不會積極地聚攏過來。

1F 1:200

給人局促的印象
玄關和門廊會給人狹小局促的印象。工作間的出入口也在這裡，動線重疊。

利用基地的高低差布置成工作室

攝影：石田篤
（三幀皆是）

左：二樓露台與客廳的關係。說是露台，其實是有牆壁和屋頂保護的「外部房間」

右：從飯廳往露台方向看

受到保護的露台

用牆壁和屋頂圍起來的露台。可以不用在意周遭的視線，生活得沒有拘束。像室內又像室外、模稜兩可的空間，與客廳連成一體。

效率佳

基於案主要求，廚房採用全獨立式。可以專心做菜。相連的食品儲藏庫擁有充足的收納量。

用高度彌補

位在玄關穿堂旁的工作室。利用基地的高低差，只有這裡的地板高度比其他房間要低，因此雖然只有約3張榻榻米大，但天花板很高，成為具有分量感的房間。

看不見但相連

兩間兒童房基本上是各自獨立，出入口也分開，但窗戶前的書桌相連。若同時坐在書桌前可以看到隔壁的情形，但其他時候只能感受到動靜。

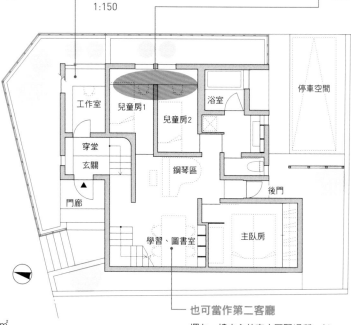

2F
1:150

1F
1:150

基地面積／138.96㎡
樓地板面積／111.05㎡
設計／デザインライフ設計室（青木律典）
案名／戶塚的住居

也可當作第二客廳

擺在一樓中心的家人匯聚場所。任何人都可以在這裡念書、閱讀、工作。是有別於二樓客廳，另一個屬於全家人的天地。

045

稠密區也能在 LDK兩側蓋露台， 擁有開放式的 生活

蓋在住宅稠密區的這棟房子很重視隱私，把成為生活空間的客廳、飯廳和廚房配置在二、三樓。緊臨鄰宅、相對較為陰暗的一樓除了設置用水區，還設有土間走道作為緩衝帶。打開玄關大門，走道便直通馬路。移至樓上的居住空間設有多個可當作戶外客廳的露台，在封閉的空間裡也保有視覺上的擴展。

前提條件
家庭成員：夫妻＋小孩2人
基地條件：基地面積163.62㎡
　　　　　建蔽率60%、容積率160%
　　　　　住宅稠密區內東西狹長的基地。西側是約
　　　　　3m高的斜坡。
案主的主要要求
• 具有開闊感的露台
• 明亮、開闊的客廳
• 放置個人嗜好品的空間

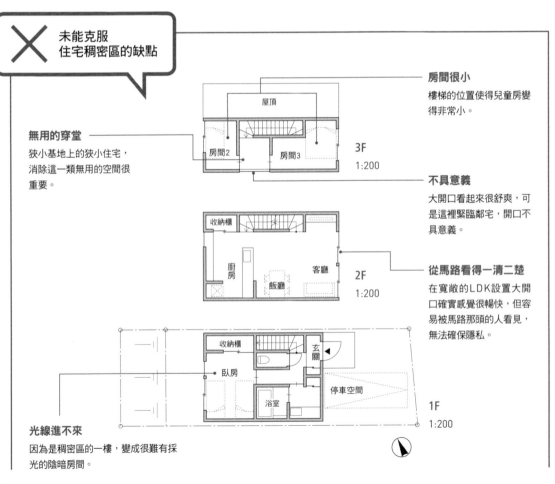

✕ 未能克服
住宅稠密區的缺點

無用的穿堂
狹小基地上的狹小住宅，消除這一類無用的空間很重要。

屋頂

房間2　房間3

3F
1:200

收納櫃

廚房　飯廳　客廳

2F
1:200

收納櫃　玄關

臥房　浴室　停車空間

1F
1:200

房間很小
樓梯的位置使得兒童房變得非常小。

不具意義
大開口看起來很舒爽，可是這裡緊臨鄰宅，開口不具意義。

從馬路看得一清二楚
在寬敞的LDK設置大開口確實感覺很暢快，但容易被馬路那頭的人看見，無法確保隱私。

光線進不來
因為是稠密區的一樓，變成很難有採光的陰暗房間。

利用樓梯的位置 和兩個露台 創造明亮的空間

攝影：松崎直人 （三幀皆是）

左：從一樓玄關通到西側庭院的土間走道
右：二樓LDK。看得出光線自位在中央的樓梯上方灑落。正面的露台也會帶給室內光亮和寬闊感

樓梯的位置很重要

樓梯設在房子的中央，減少無謂的走道，讓房間可使用的面積變大。此外，樓梯採用鏤空設計，也使上層的光線可以到達下層。

安靜的臥房

雖然位於稠密的市區，但自二樓露台高起的圍牆讓這裡成了臨接天井的僻靜房間。

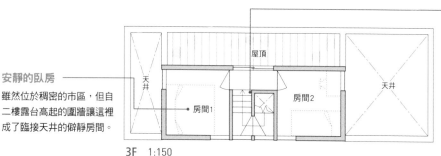

3F 1:150

另一個露台

西側也設置露台，為LDK帶來開闊感。靠坡壁側不能蓋房子，所以這個露台做成懸空式（外凸）。

向外延展

與LDK相連的開放式露台發揮戶外客廳的功能。靠馬路那側已築起牆壁，可以不必在意別人的視線，完全敞開。

2F 1:150

附有小院子

在靠坡壁側設置小院子，可以一邊悠閒自在地泡澡，一邊欣賞綠意。

有效利用土間走廊

土間走廊的大空間可以擺放嗜好的衝浪板。穿過這條走廊，讓陰暗的一樓產生開放感。打開位於玄關的子母門就能連結馬路。

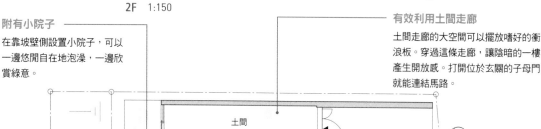

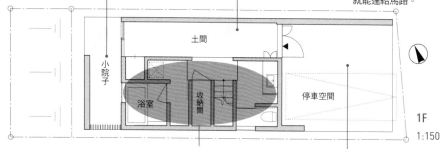

1F 1:150

基地面積／163.62㎡
樓地板面積／77.82㎡
設計／H.A.S.Market（長谷部勉）
案名／北千束之家

一樓的利用方式

狹小基地的一樓會非常陰暗，因此不設房間，而將用水區集中設在一樓。

大門廊

上方是露台，即使停放汽車，入口通道依然十分寬敞，也不會淋到雨。

95

046
利用巧思配置獲得從高處眺望的景致和隱私

將高地上的基地潛力發揮到極致，力求實現可充分享受綠意和景觀的住家。

將建築物轉個角度配置在基地上，使大開口部避開鄰人的視線，藉以保護隱私，同時也可盡情享受遠眺的景致，豐富居家生活。室內裝修的部分混合木、鐵、瓷磚等多種材質，成為鬆緊平衡、令人心曠神怡的空間。

前提條件
家庭成員：夫妻＋小孩1人
基地條件：基地面積288.75㎡
建蔽率40%、容積率80%
位在寧靜住宅區的盡頭一處高地上的基地。有河川流過的東側形成谷地，景致開闊。南側有鄰宅。
案主的主要要求
• 方便利用的動線
• 希望充分利用四周景致
• 確保隱私

✕ 平凡的配置，生活索然無味

出入不方便
把內建式車庫設在西側，而前面道路只有4m寬，必須大幅轉動方向盤才行，出入麻煩。

家事動線很長
穿過食品儲藏庫的副動線設計確實不錯，只是廚房離用水區太遠，即使從這裡通過也無助於改善家事效率。

位置偏僻的盥洗室
位在浴室旁的盥洗室有點偏僻。只有家人的話還好，但有訪客時會擔心與家事動線交錯。

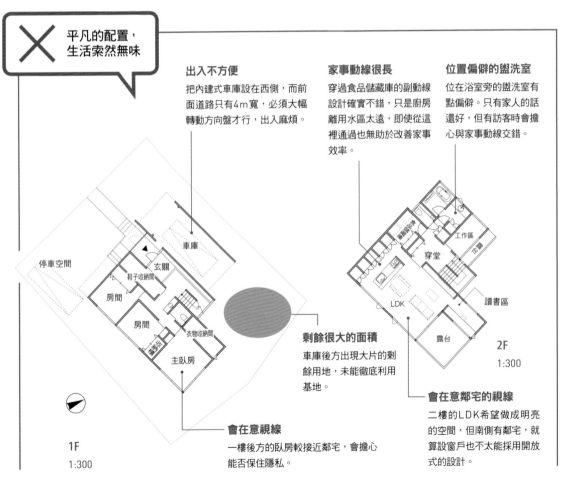

剩餘很大的面積
車庫後方出現大片的剩餘用地，未能徹底利用基地。

會在意鄰宅的視線
二樓的LDK希望做成明亮的空間，但南側有鄰宅，就算設窗戶也不太能採用開放式的設計。

會在意視線
一樓後方的臥房較接近鄰宅，會擔心能否保住隱私。

1F
1:300

2F
1:300

錯開角度
獲得多種好處

左：建築物外觀
右：二樓LDK。不用在意來自外面
的視線、明亮的空間

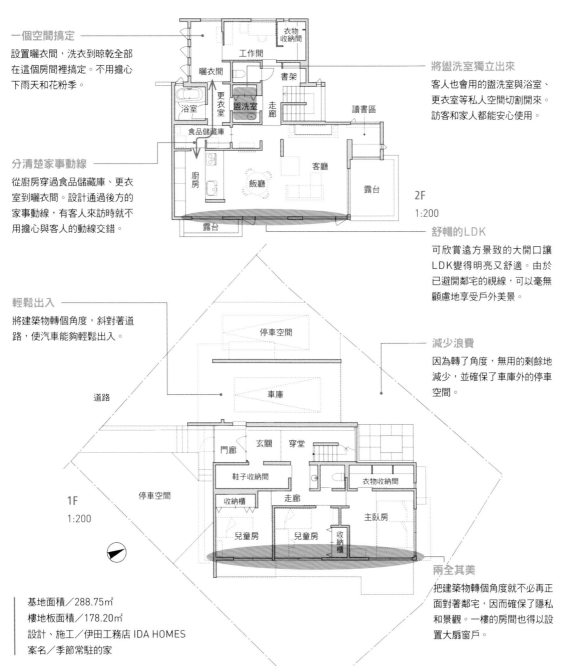

一個空間搞定
設置曬衣間，洗衣到晾乾全部
在這個房間裡搞定。不用擔心
下雨天和花粉季。

分清楚家事動線
從廚房穿過食品儲藏庫、更衣
室到曬衣間。設計通過後方的
家事動線，有客人來訪時就不
用擔心與客人的動線交錯。

將盥洗室獨立出來
客人也會用的盥洗室與浴室、
更衣室等私人空間切割開來。
訪客和家人都能安心使用。

舒暢的LDK
可欣賞遠方景致的大開口讓
LDK變得明亮又舒適。由於
已避開鄰宅的視線，可以毫無
顧慮地享受戶外美景。

2F
1:200

衣物收納間
工作間
曬衣間
更衣室
書架
走廊
浴室
盥洗室
食品儲藏庫
廚房
飯廳
客廳
讀書區
露台
露台

輕鬆出入
將建築物轉個角度，斜對著道
路，使汽車能夠輕鬆出入。

減少浪費
因為轉了角度，無用的剩餘地
減少，並確保了車庫外的停車
空間。

停車空間
車庫
道路
門廊
玄關
穿堂
鞋子收納間
衣物收納間
收納櫃
走廊
主臥房
停車空間
兒童房
兒童房
收納櫃

1F
1:200

兩全其美
把建築物轉個角度就不必再正
面對著鄰宅，因而確保了隱私
和景觀。一樓的房間也得以設
置大扇窗戶。

基地面積／288.75㎡
樓地板面積／178.20㎡
設計、施工／伊田工務店 IDA HOMES
案名／季節常駐的家

看懂基地，
在有限中
創造寬闊的
二樓LDK

從找地開始便一起參與打造的住宅。可想而知，設計師被要求提出能發揮基地特性的方案。

此規劃案是利用錯開角度的方式，讓建築物的庭院與鄰地保持距離，成功地有效運用有限的空間。此外，將空間配置在與道路相反的北側，並向西側大大敞開。設置大露台以防西曬，並嘗試用遮陽的篷布遮蔽陽光。二樓利用斜天花板做成開放式空間。把浴室等用水區設在一樓，以廣泛地善用每個樓層。

前提條件
家庭成員：夫妻＋小孩2人
基地條件：基地面積120.16㎡
　　　　　建蔽率60%、容積率200%
　　　　　向北側敞開的三角形基地。北側有河川流過，西側也有缺口。
案主的主要要求
• 想要住木造房子，想要玩園藝
• 希望能感受陽光和風
• 希望擁有充實的廚房時光

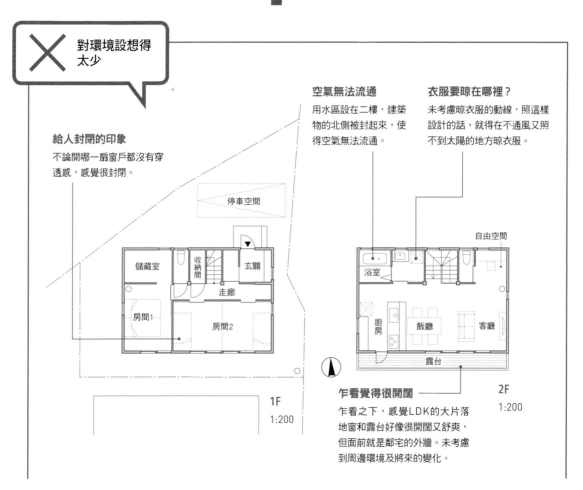

✕ 對環境設想得太少

給人封閉的印象
不論開哪一扇窗戶都沒有穿透感，感覺很封閉。

空氣無法流通
用水區設在二樓，建築物的北側被封起來，使得空氣無法流通。

衣服要晾在哪裡？
未考慮晾衣服的動線，照這樣設計的話，就得在不通風又照不到太陽的地方晾衣服。

停車空間

儲藏室　收納間　玄關
走廊
房間1　房間2

1F
1:200

自由空間
浴室
廚房　飯廳　客廳
露台

2F
1:200

乍看覺得很開闊
乍看之下，感覺LDK的大片落地窗和露台好像很開闊又舒爽，但面前就是鄰宅的外牆。未考慮到周邊環境及將來的變化。

兼顧玩樂與實用的二樓大露台

左：浴室前的小院子
右：開放式的二樓LDK。廚房吧檯的馬賽克拼貼讓作業變有趣

寬敞的客廳
為實現案主「想要感受陽光和風」的要求設計的二樓客廳。斜面天花板讓這裡成為開闊的空間。

可以輕鬆小憩
稍微墊高的榻榻米區，讓人可以放輕鬆地享受片刻的悠閒。成為不同於客廳沙發，別具一格的休息空間。

大露台
為了遮擋西側日照，在大露台上搭建可架設屋頂的骨架。夏季可裝上遮陽篷遮擋陽光。並設置孩子們最愛的吊床。

榻榻米區

客廳、飯廳

露台

廚房

2F
1:150

令人雀躍的廚房
遵照案主「想要好好享受下廚時光」的要求，確保寬敞的廚房空間，以擺放案主喜愛的家具。對面式吧檯採用馬賽克磚裝飾，讓人每次走進廚房便感到雀躍、愉快。

營造縱深感的巧思
將建築物轉個角度配置，使建築物與基地的邊界形成三角形空地。把那空地當作停車空間使用，並裝設兼作浴室圍牆的木板牆和植栽。巧妙利用斜面部分便產生縱深，使空間感覺更寬闊。

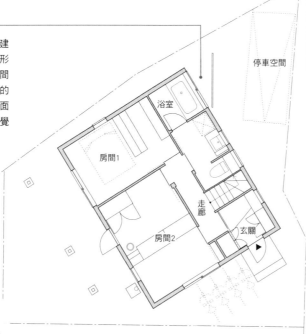

停車空間

浴室

房間1

走廊

房間2

玄關

基地面積／120.16㎡
樓地板面積／86.13㎡
設計、施工／相羽建設
案名／小平市O邸

1F
1:150

048

錯開
餐廚區的位置，
確保明亮
與開闊感

蓋在筑波快線沿線新興住宅區內的住宅。北側是道路，基地內沒有高低差，形狀近乎正方形。

將懸山式屋頂的建築從中央錯開，創造出停車場、入口和庭院，同時增加開口面，確保採光和通風。在L型的LDK設置挑高空間，與庭院相連，因而感覺空間更加的寬闊。

前提條件
家庭成員：夫妻＋小孩2人
基地條件：基地面積146.40㎡
　　　　　建蔽率60%、容積率120%
　　　　　新興住宅區內形狀方正的基地。
案主的主要要求
• 家人會聚攏過來的LDK
• 希望能欣賞材料的質感（喜歡大谷石）
• 想要有間客房
• 希望做成明亮且通風良好的家
• 希望臥房裡有書房

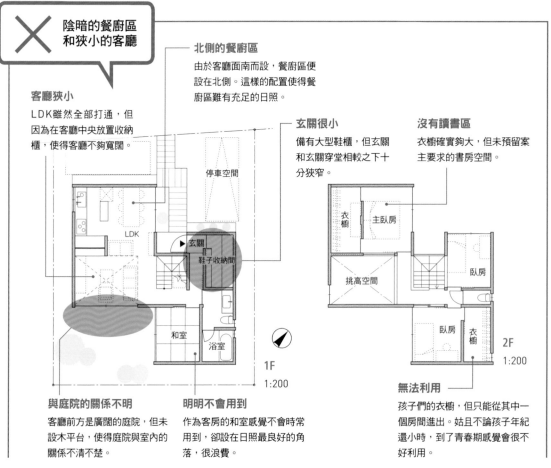

✕ 陰暗的餐廚區和狹小的客廳

北側的餐廚區
由於客廳面南而設，餐廚區便設在北側。這樣的配置使得餐廚區難有充足的日照。

客廳狹小
LDK雖然全部打通，但因為在客廳中央放置收納櫃，使得客廳不夠寬闊。

玄關很小
備有大型鞋櫃，但玄關和玄關穿堂相較之下十分狹窄。

沒有讀書區
衣櫥確實夠大，但未預留案主要求的書房空間。

停車空間

LDK

玄關
鞋子收納間

和室
浴室

1F
1:200

衣櫥　主臥房

挑高空間

臥房

臥房　衣櫥

2F
1:200

與庭院的關係不明
客廳前方是廣闊的庭院，但未設木平台，使得庭院與室內的關係不清不楚。

明明不會用到
作為客房的和室感覺不會時常用到，卻設在日照最良好的角落，很浪費。

無法利用
孩子們的衣櫥，但只能從其中一個房間進出。姑且不論孩子年紀還小時，到了青春期感覺會很不好利用。

生活空間採雁行配置，獲得寬闊和採光

還有書架
將案主要求的書房角落與衣櫥合併。還設有大型書架，寧靜的書房。

左：越過露台看客廳。以大谷石打造的露台融入生活
右：反向從客廳望出去。餐廚區以雁行式接連客廳　攝影：上田宏（三幀皆是）

通風良好
在臥房北側建造露台、設開口，使得南北兩側都有開口，空氣對流好舒爽。

雖然不是獨立衣物間
利用臥房到書房的一整面牆壁做衣櫥，確保不遜於獨立衣物間的足夠收納量。

減少空間的浪費
把樓梯配置在中央，可以放射狀地通往各個房間，縮短只有走道功能的走廊。

利用挑高空間採光
因為挑高，讓一樓客廳連深處（東側）都明亮起來，開闊感也提升。

露台
書房兼衣物收納空間
主臥房
兒童房1
走廊
挑高空間
兒童房2

2F
1:150

有多種用途
作為客房用的和室配置在感覺沉靜的北側。離廚房和用水區也很近，感覺做家事時也可以趁空利用這個空間。

餐廚區也明亮
餐廚區也因為南側有開口而光線明亮。冬天不開暖氣也很溫暖。

客廳變寬闊
不拘泥於南向開口將房子靠南側配置，以確保客廳有足夠的面積。並利用天花板挑高和鄰接露台，更添室內的寬闊度。用白色大谷石打造的露台會反射陽光，為室內帶來明亮。

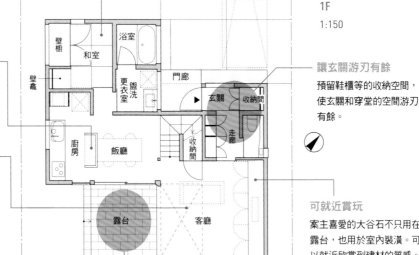

停車空間
壁櫥
和室
浴室
壁龕
更衣室
盥洗
門廊
玄關
收納間
走廊
廚房
飯廳
收納間
露台
客廳

1F
1:150

讓玄關游刃有餘
預留鞋櫃等的收納空間，使玄關和穿堂的空間游刃有餘。

可就近賞玩
案主喜愛的大谷石不只用在露台，也用於室內裝潢。可以就近欣賞到建材的質感。

基地面積／146.40㎡
樓地板面積／103.14㎡
設計／直井建築設計事務所
案名／流山之家

大谷石露台
在客廳和飯廳前設置以大谷石打造的露台。可以一邊賞玩大谷石的質感，一邊享受在內外之間悠遊的樂趣。

基地條件　可變性　採光　人與人的交流　借景　動線　訪客　隱私　收納　特殊房間　多世代　出租

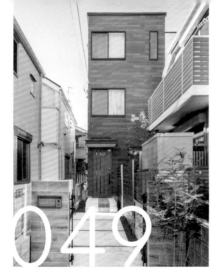

049

由天窗把光
送到一樓LDK，
明亮的
都市住宅

離車站很近的寧靜住宅區內、縱深很長的旗竿型基地。因四周被建築物包圍，玄關又位在南側，確保客廳的採光便成了課題。

因此採用在一樓客廳設挑高空間，從面東南的高側窗及兩扇大天窗將光線引入室內；把房間和用水區配置在二、三樓，以挑高空間為中心、好居住的規劃案。同時也是氣密性高的節能住宅，室內明亮，冬天也很溫暖。

前提條件
家庭成員：夫妻＋小孩2人
基地條件：基地面積134.28㎡
　　　　　建蔽率50%、容積率100%
　　　　　寧靜的住宅用地。旗竿型基地，四周被鄰宅包圍。

案主的主要要求
• 基地狹小，但要有明亮的一樓客廳
• 完善的家事動線和收納空間
• 讓家人透過挑高空間產生連結

✕ 確實有花心思設計，但感覺反而不好利用

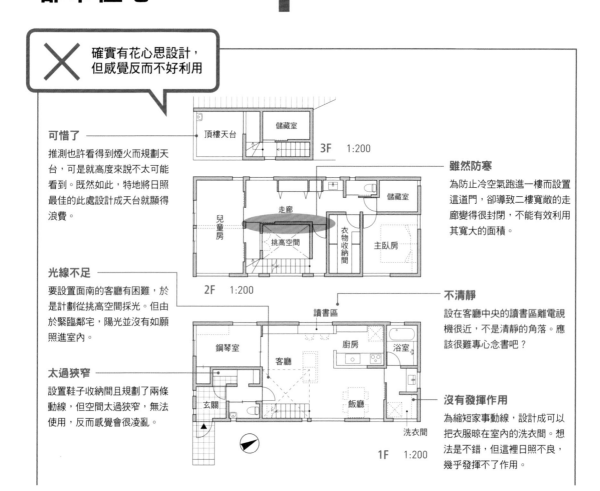

可惜了
推測也許看得到煙火而規劃天台，可是就高度來說不太可能看到。既然如此，特地將日照最佳的此處設計成天台就顯得浪費。

光線不足
要設置面南的客廳有困難，於是計劃從挑高空間採光。但由於緊臨鄰宅，陽光並沒有如願照進室內。

太過狹窄
設置鞋子收納間且規劃了兩條動線，但空間太過狹窄，無法使用，反而感覺會很凌亂。

雖然防寒
為防止冷空氣跑進一樓而設置這道門，卻導致二樓寬敞的走廊變得很封閉，不能有效利用其寬大的面積。

不清靜
設在客廳中央的讀書區離電視機很近，不是清靜的角落。應該很難專心念書吧？

沒有發揮作用
為縮短家事動線，設計成可以把衣服晾在室內的洗衣間。想法是不錯，但這裡日照不良，幾乎發揮不了作用。

頂樓天台　儲藏室　**3F** 1:200

兒童房　走廊　儲藏室　衣物收納間　主臥房　挑高空間　**2F** 1:200

讀書區　鋼琴室　客廳　廚房　浴室　玄關　飯廳　洗衣間　**1F** 1:200

把用水區移上二樓，讓生活節奏分明

左：仰望挑高空間。光線自天窗照進室內
右：一樓LDK。也從挑高空間上部的高側窗採光。飯廳的後方有讀書區

可以盡情晾衣服
三樓部分成為天台，擁有高度的私密感，也可以盡情地在此晾衣服。

讓光線自上方灑落
客廳上方挑高，讓光線從天窗和東側的高側窗照進室內，成為明亮的空間。

3F
1:150

家人共用的衣櫥
無法預留較大面積做房間，因此將所有衣物統一收納在這兩個地方。洗衣後的整理也比較輕鬆。

畫龍點睛的空橋
夾在鏤空的樓梯和挑高空間之間的走廊形成空橋狀，成為空間的重點。而且主臥房的私密感也提高。

2F
1:150

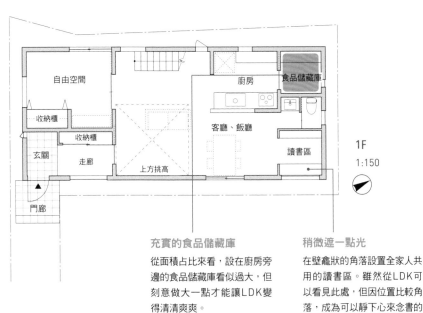

1F
1:150

基地面積／134.28㎡
樓地板面積／125.74㎡
設計、施工／KURASU
案名／等等力之家

充實的食品儲藏庫
從面積占比來看，設在廚房旁邊的食品儲藏庫看似過大，但刻意做大一點才能讓LDK變得清清爽爽。

稍微遮一點光
在壁龕狀的角落設置全家人共用的讀書區。雖然從LDK可以看見此處，但因位置比較角落，成為可以靜下心來念書的空間。

050

自天井上部的窗戶採光，使一樓LDK變明亮

面寬小又狹長的土地，為求將空間利用到淋漓盡致而精心規劃的住宅。住宅稠密區的一樓LDK往往偏暗，為確保充足的光線，在基地南側空出最大限度的面積，並設置天井和高側窗。二樓約四張榻榻米大的工作室兼書房是費心打造、很好利用的空間。全面使用灰泥和珪藻土等天然材料，想像家庭生活的情景同時講究細節，實現讓人心滿意足的LDK。

前提條件

家庭成員：夫妻＋小孩1人

基地條件：基地面積124.50㎡
建蔽率50%、容積率80%
西北側臨道路的方正基地。靠近海邊，夏季附近會舉辦煙火大會，並有成排的海邊小屋，很熱鬧。

案主的主要要求

- 約四張榻榻米大的工作室兼書房
- 寬敞、明亮且通風良好的LDK
- 分開設置土間收納間和鞋櫃

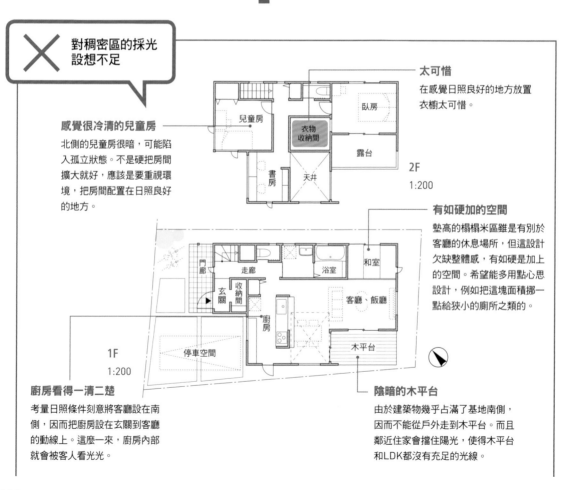

✕ 對稠密區的採光設想不足

太可惜
在感覺日照良好的地方放置衣櫥太可惜。

感覺很冷清的兒童房
北側的兒童房很暗，可能陷入孤立狀態。不是硬把房間擴大就好，應該是要重視環境，把房間配置在日照良好的地方。

2F
1:200

（兒童房、衣物收納間、臥房、露台、書房、天井）

有如硬加的空間
墊高的榻榻米區雖是別於客廳的休息場所，但這設計欠缺整體感，有如硬是加上的空間。希望能多用點心思設計，例如把這塊面積挪一點給狹小的廁所之類的。

1F
1:200

（門廊、玄關、走廊、收納間、浴室、和室、廚房、客廳、飯廳、木平台、停車空間）

廚房看得一清二楚
考量日照條件刻意將客廳設在南側，因而把廚房設在玄關到客廳的動線上。這麼一來，廚房內部就會被客人看光光。

陰暗的木平台
由於建築物幾乎占滿了基地南側，因而不能從戶外走到木平台。而且鄰近住家會擋住陽光，使得木平台和LDK都沒有充足的光線。

有效利用高側窗
讓整個室內
變明亮

左：二樓的書房。形狀狹長，但靠穿堂那一側採開放式，不會感覺封閉
右：一樓LDK。墊高的榻榻米區很自然地與LDK連在一起

讓人感覺很大
工作室兼書房雖然是1間（1820mm）寬的狹長空間，但為了讓人感覺很大，穿堂那一側整個打開。由於空間一直連到樓梯上方，不會感覺狹小。

引入光線
雖然設置閣樓當作收納空間用，但有一部分是天井，所以從位置高的窗戶照進來的光線會經過灰泥牆的反射，為一樓帶來柔和的光亮。

為臥房和兒童房設想
兩個房間的配置都有考慮日照條件，盡量讓房間有更好的日照。由於臨接露台，可以就近享受日照良好的外部空間。

高側窗
二樓的兒童房和臥房利用斜面天花板設置高側窗，利用從高側窗進來的光線照亮整個房間。

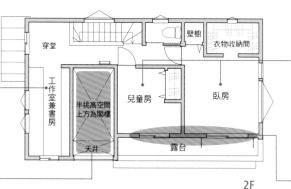

2F
1:150

考慮好用與否
在土間收納空間之外另設固定式的鞋子收納櫃。考量實際使用情況，力求可以輕鬆利用。也縮短動線方便使用。

具有整體感的布置
設置榻榻米區當作客廳的延長，成功為LDK創造出縱深和立體感。

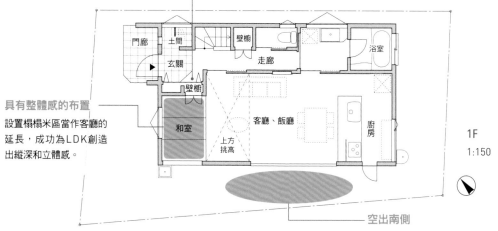

1F
1:150

空出南側
盡可能空出南側不配置建築物，讓LDK前面保有外部空間。若設置木平台，可以讓LDK更加寬闊，日照和通風也會更好。

基地面積／124.50㎡
樓地板面積／92.33㎡
設計、施工／サンキホーム
案名／在有限條件下引入大量光線的家

051

天井兼客廳，充滿陽光和風的明亮住宅

父母家位在基地南側，通往父母家的聯絡道路低於基地大約1m。基地的形狀相對較狹長，雖然在南側設置大扇窗戶，但因為在意行人的視線，所以採用腰窗設計，並面向東側的木平台設置大落地窗。木平台成為與雙親交流的空間。

有大天井的客廳感覺很開闊，且通風極佳。雖然利用訂做的家具適度地區隔廚房和客廳，依然能感覺到孩子的動靜。

前提條件
家庭成員：夫妻＋小孩1人
基地條件：基地面積165.89㎡
　　　　　建蔽率40%、容積率80%
　　　　　住宅區內、位在交通流量相對較多的馬路邊的基地。
案主的主要要求
• 希望做菜時也感覺得到家人的動靜
• 喜愛美式平房的情趣
• 想要有書房區

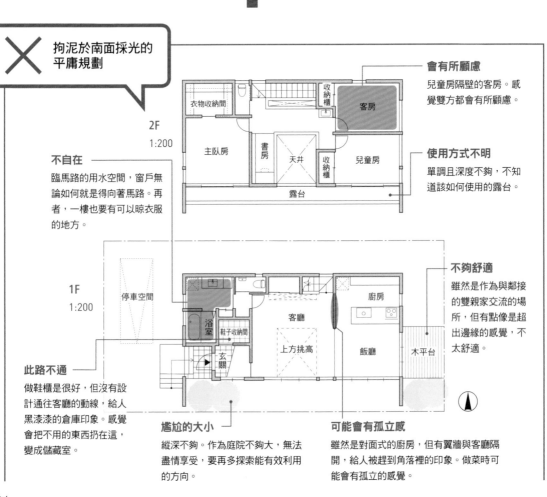

✕ 拘泥於南面採光的平庸規劃

會有所顧慮
兒童房隔壁的客房。感覺雙方都會有所顧慮。

使用方式不明
單調且深度不夠，不知道該如何使用的露台。

不自在
臨馬路的用水空間，窗戶無論如何就是得向著馬路。再者，一樓也要有可以晾衣服的地方。

不夠舒適
雖然是作為與鄰接的雙親家交流的場所，但有點像是超出邊緣的感覺，不太舒適。

此路不通
做鞋櫃是很好，但沒有設計通往客廳的動線，給人黑漆漆的倉庫印象。感覺會把不用的東西扔在這，變成儲藏室。

尷尬的大小
縱深不夠。作為庭院不夠大，無法盡情享受，要再多探索能有效利用的方向。

可能會有孤立感
雖然是對面式的廚房，但有翼牆與客廳隔開，給人被趕到角落裡的印象。做菜時可能會有孤立的感覺。

2F 1:200
衣物收納間　收納櫃　客房　主臥房　書房　天井　收納櫃　兒童房　露台

1F 1:200
停車空間　浴室　鞋子收納間　玄關　上方挑高　客廳　廚房　飯廳　木平台

考慮到來自外面的視線，向東側木平台敞開

與穿堂相連
把轉角的拉門全部拉開，穿堂和房間便連成一體，成為孩子寬闊的遊戲場。

左：從二樓客房往天井方向看。可以看到沿著天井而設的狹長書房
右：一樓客廳。天井的大空間可以一直延伸到戶外的木平台

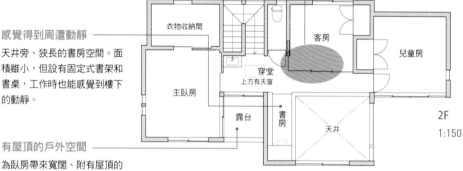

感覺得到周遭動靜
天井旁、狹長的書房空間。面積雖小，但設有固定式書架和書桌，工作時也能感覺到樓下的動靜。

衣物收納間
客房
穿堂
上方有天窗
兒童房
主臥房
露台
書房
天井
2F
1:150

有屋頂的戶外空間
為臥房帶來寬闊、附有屋頂的露台。通風、採光自不在話下，夏天還能在此暢飲啤酒。

製造縱深
把玄關設在靠近房子的中央，打造具有縱深的入口通道。

一同享受
木平台也是與住在隔壁的雙親交流情感的場所。離LDK又近，可輕鬆地一同用餐、喝茶。

內玄關功能
從玄關走進鞋子收納間即可直接進入室內。玄關不會到處都是家人的鞋子等物品，回家時也可以直接走去盥洗室洗手再進入客廳。

浴室
廚房
飯廳
客廳
中庭
鞋子收納間
玄關
上方挑高
木平台
1F
1:150

防守同時敞開
考慮到來自道路的視線，盥洗更衣室採用高側窗設計，以求採光和通風。

宛如室內
用格柵遮擋視線，又有二樓遮蔽不會淋到雨的中庭。可以作為曬衣場，也能有效幫助用水區空氣流通。

功能性提升
雖然是L型的廚房，但訂做固定式的家電收納櫃，製造回遊動線。靠廚房側放烹調用家電，靠客廳側是電視櫃，為生活製造變化。

基地面積／165.89㎡
樓地板面積／120.65㎡
設計、施工／リモルデザイン
案名／M邸

052

利用兩處挑高空間讓光線和溫暖遍布全家的被動式房屋

自己也是設計師的案主完成基本設計的被動式節能住宅。除了花心思設計通風和採光的方式，更運用巧思，有效地讓柴爐產生的暖氣遍布室內。

由於是夫妻兩人要住的房子，所以只需要主臥房一個房間，二樓除了臥房，就是以挑高空間為中心的大書房。設置在房子中央附近的柴爐，藉由挑高空間把暖氣傳到全家各個角落，同時也大致隔開LDK和用水區、玄關等，讓生活空間有變化。

前提條件
家庭成員：夫妻
基地條件：基地面積135.58㎡
建蔽率60%、容積率92.9%
寧靜住宅區內的平地。東側臨道路。看得到知名的煙火大會。
案主的主要要求
• 被動式的節能住宅
• 柴爐、大書庫
• 有書房的家

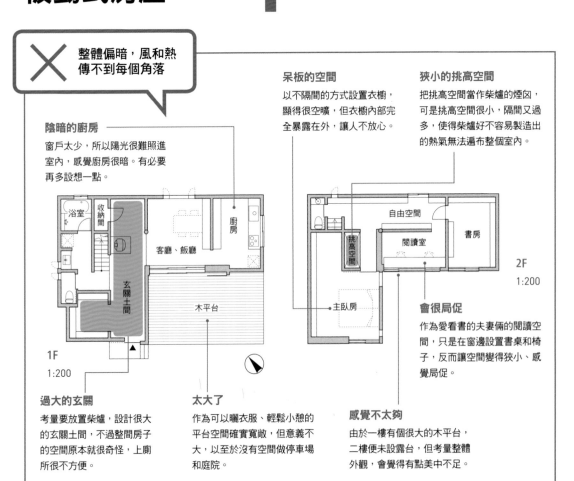

✗ 整體偏暗，風和熱傳不到每個角落

呆板的空間
以不隔間的方式設置衣櫥，顯得很空曠，但衣櫥內部完全暴露在外，讓人不放心。

狹小的挑高空間
把挑高空間當作柴爐的煙囪，可是挑高空間很小，隔間又過多，使得柴爐好不容易製造出的熱氣無法遍布整個室內。

陰暗的廚房
窗戶太少，所以陽光很難照進室內，感覺廚房很暗。有必要再多設想一點。

1F
1:200

2F
1:200

會很局促
作為愛看書的夫妻倆的閱讀空間，只是在窗邊設置書桌和椅子，反而讓空間變得狹小、感覺局促。

過大的玄關
考量要放置柴爐，設計很大的玄關土間，不過整間房子的空間原本就很奇怪，上廁所很不方便。

太大了
作為可以曬衣服、輕鬆小憩的平台空間確實寬敞，但意義不大，以至於沒有空間做停車場和庭院。

感覺不太夠
由於一樓有個很大的木平台，二樓便未設露台，但考量整體外觀，會覺得有點美中不足。

讓光、風和熱傳遍全家

一樓LDK。利用挑高空間
與二樓連通。走到臥房的動
線兩側設有木製扶手，做成
有點像是過橋的感覺

兩處挑高空間

在兩個地方設置挑高空間，
藉此讓光、風和熱遍布整個
室內，成為舒適的空間。

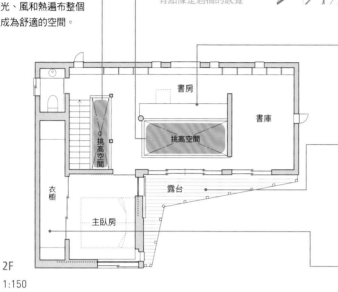

書房

書庫

挑高空間

衣櫥

露台

主臥房

2F
1:150

整間都是書房

消除完全封閉的部分成為寬闊的
書房，任何一個角落都能自由自
在地看書。

二樓也有露台

縮小一樓的木平台，因此也在二
樓設置露台。可與一樓的木平台
區分用途，許多東西都可以晾在
戶外。

開或關各具功能

在臥房設置約6m寬的大衣櫥，
用拉門與主臥房隔開。只要關上
拉門，臥房便看起來清清爽爽。
打開拉門則會讓臥房感覺擴大。

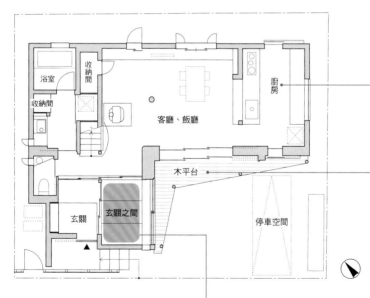

浴室

收納間

收納間

客廳、飯廳

廚房

木平台

玄關

玄關之間

停車空間

1F
1:150

明亮的廚房

對面式廚房設置吧檯長桌、增設
窗戶，讓陽光較容易照進室內。

瘦身化

縮小木平台以確保停車空間和庭
院，使空間變得更開闊。

縮小後做成一個房間

大幅縮小玄關土間做成「玄關
之間」。房間雖然不大，但可
當作客房利用。

基地面積／135.58㎡
樓地板面積／125.96㎡
設計、施工／千葉工務店
案名／二樓整個是書房的家

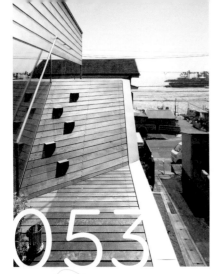

053

儘管鄰宅擋住了風景，依然想方設法讓人可以眺望大海

沿著海邊台地旁的小路往上走，回頭一看便是視野遼闊的海景。把這樣的漁村風光納入室內的住宅。自玄關上部連接到飯廳的船底形天花板，成了位在基地最後方的客廳的長板凳，並進一步與甲板狀的外部平台接連；其前端則化身為將人的視線導向大海的屋頂，在連續空間中創造出各種各樣的角落。將基地條件融會貫通，透過誘導視線的方式，實現開放式且寬闊的空間。

前提條件
家庭成員：夫妻＋小孩2人＋貓
基地條件：基地面積112.24㎡
　　　　　建蔽率60%、容積率160%
　　　　　臨接小路的長條形基地。回看小路即可望
　　　　　見大海，但基地望向大海的視野全被鄰宅
　　　　　擋住。

案主的主要要求
• 二樓LDK，盡可能地寬敞
• 希望能欣賞到小路前方的海景

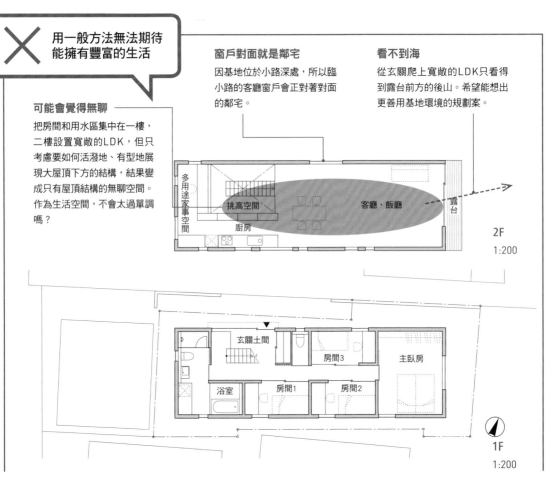

✕ 用一般方法無法期待能擁有豐富的生活

窗戶對面就是鄰宅
因基地位於小路深處，所以臨小路的客廳窗戶會正對著對面的鄰宅。

看不到海
從玄關爬上寬敞的LDK只看得到露台前方的後山。希望能想出更善用基地環境的規劃案。

可能會覺得無聊
把房間和用水區集中在一樓，二樓設置寬敞的LDK，但只考慮要如何活潑地、有型地展現大屋頂下方的結構，結果變成只有屋頂結構的無聊空間。作為生活空間，不會太過單調嗎？

多用途家事空間 / 挑高空間 / 廚房 / 客廳、飯廳 / 露台

2F
1:200

玄關土間 / 房間3 / 主臥房 / 浴室 / 房間1 / 房間2

1F
1:200

左：從二樓廚房看向客廳
右：從客廳往回看。以樓梯式空橋連結餐廚區和客廳，再從客廳連到甲板狀的外部
攝影：守屋欣史／NACASA&PARTNERS（三幀皆是）

屋內也善用
小路的動線，
改變高度
最後與外部相連

以合適的高度相連

玄關及二樓連成一個大空間，餐廚區和客廳則以挑高空間隔開，並設計各自適合的地板高度和天花板高度。直接坐地板的客廳比飯廳高約80cm，兼作飯廳屋頂的木平台又再高出約45cm。在室內延伸的木平台成為兼具收納功能的板凳。

製造特色

屋頂平台作為被插入空間配置的「裝置」，讓整個建築物動態的空間結構具有特色。

連接甲板

玄關上部與飯廳相連的船底形天花板成為位在基地最後方的客廳的長椅，並進一步與甲板狀的外部連接。其前端變成把視線導向大海的屋頂兼平台，在連成一體的空間中創造出各種各樣的角落。

寧靜的飯廳

極力壓低飯廳天花板的高度，刻意不讓人一眼望盡整個大屋頂，打造沉靜的空間。從飯桌旁的長條窗可以望見海邊。

小路般的動線

爬上濱海道路通往台地的小路，從玄關上到二樓的餐廚區，走過玄關上部的空橋，到達基地最後方的客廳。把海邊小鎮的動線變成串連整個住家的生活動線。

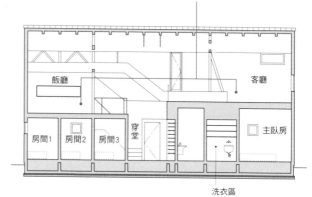

剖面圖　1:200

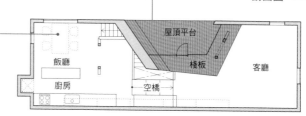

2F　1:200

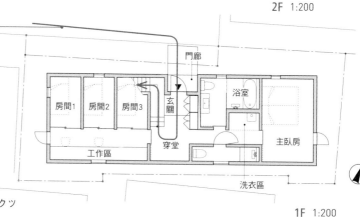

1F　1:200

基地面積／112.24㎡
樓地板面積／122.04㎡
設計／ステューディオ2アーキテクツ
　　　（二宮博、菱谷和子）
案名／DEK（海邊住宅）

054

將向北側
敞開的土地特性
發揮到極致，
享受其樂趣

以紐約的閣樓空間為意象設計的郊外住宅。基地為分塊出售的土地，地平面的高度與鄰地有很大的差異。設計師謹記著要設置牆面，讓案主收藏的藝術品發揮作用，並盡可能增加天花板高度，營造出閣樓的意象。

此外，雖然空間不大，但實現了女主人所要求的《慾望城市》裡凱莉的衣物收納間。充分運用基地的五角形狀和高度差，也是此設計案的特色。

前提條件
家庭成員：夫妻＋小孩1人
基地條件：基地面積132.54㎡
　　　　　建蔽率60%、容積率160%
　　　　　旗竿型基地，旗面部分為五角形。基地內
　　　　　有6m的高低差。由於往北側斜下，因此
　　　　　北側的景觀極佳。
案主的主要要求
• 紐約閣樓般的空間
• 希望有感覺寬廣的客廳
• 希望有書房，即使空間小也沒關係

 未徹底發揮
基地的特性

沒有隱私
為使空間擴大而去除牆壁，但未做成一個獨立的房間，無法確保隱私。

索然無味
LDK的配置太過普通，不有趣。

沒有掛畫的空間
想要欣賞自己收藏的大型畫作，卻沒有大面牆壁可以掛。

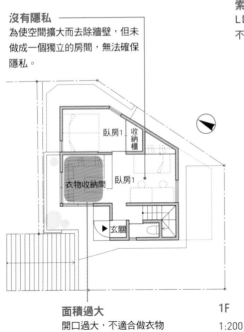

臥房1
收納櫃
衣物收納間
臥房1
▶玄關

面積過大
開口過大，不適合做衣物收納間。

1F
1:200

LDK
浴室
書房

沒有巧思
只是把空間圍起來，窗外的景致不佳，也沒有設置擺飾架和收納櫃。

2F
1:200

各個角落都可以欣賞風景的設計

攝影：上田宏
（三幀皆是）

左：雖然不寬但夠長的書房空間
右：二樓LDK。不論在哪裡都欣賞得到視野開闊的北側景觀

只是窩著也開心
狹小但有足夠的長度可放置書桌、擺飾架。窩在這裡也可以欣賞景觀的配置。

可欣賞美景
不論在二樓的哪個角落都能欣賞到北側的風景。

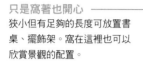

可欣賞畫作
設一大面牆壁隔開書房空間，客廳這一側則可以掛上畫作來欣賞。

區隔空間
LDK雖然全部打通，但會注意到飯廳和客廳有別。飯廳夾在露台和樓梯間之間，雖然小巧，但依然有寬闊感。

書房

LDK

浴室

2F
1:200

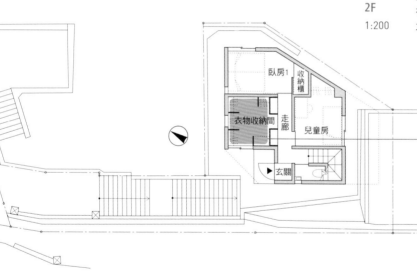

臥房1　收納櫃

衣物收納間　走廊　兒童房

玄關

實現夢想
滿足女主人要求的衣物收納間。空間不大，但使用起來非常方便。

1F
1:200

凸顯空間的寬闊
單側斜屋頂，天花板朝北側開口往上抬高，因而增加開闊感。

基地面積／132.54㎡
樓地板面積／80.07㎡
設計／直井建築設計事務所
案名／眺望之家

LDK

更衣室　盥洗室

衣物收納間　走廊　兒童房

剖面圖
1:200

向外推出
為克服基地的高低差將二樓局部向外推出，確保了地板面積。

055
中央樓梯
讓LDK形成
舒適關係的
二樓LDK住宅

建在小山丘的半山腰、地勢略微傾斜的四口之家。一樓走進門廊、玄關後往上幾階有房間和浴室。把樓梯設在房子中央形成可以回遊的螺旋狀動線，創造出各種不同的場景。二樓客廳感覺得到南側道路的動靜，同時又能有受到保護的感覺。另外有視線可以往西北方綠地延伸的飯廳，給人感覺有點獨立的廚房等。是保有適度的距離感又有特色的空間。

前提條件
家庭成員：夫妻＋小孩2人
基地條件：基地面積47.99㎡
　　　　　建蔽率40%、容積率80%
　　　　　寧靜住宅區內的方正基地。北側有農耕地，西北方有遠景可眺望。東西兩側緊臨住家。

案主的主要要求
• 兩間兒童房

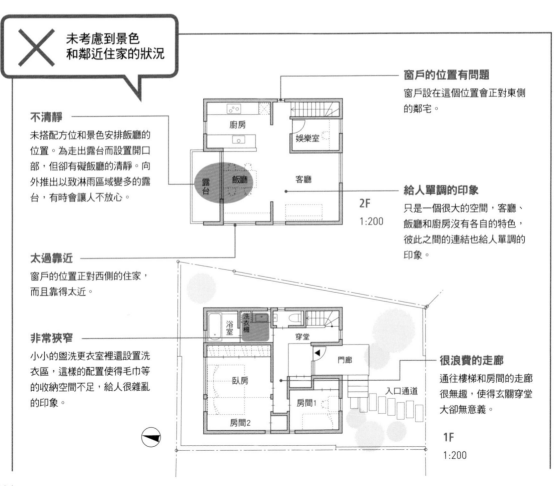

✕ 未考慮到景色和鄰近住家的狀況

不清靜
未搭配方位和景色安排飯廳的位置。為走出露台而設置開口部，但卻有礙飯廳的清靜。向外推出以致淋雨區域變多的露台，有時會讓人不放心。

窗戶的位置有問題
窗戶設在這個位置會正對東側的鄰宅。

給人單調的印象
只是一個很大的空間，客廳、飯廳和廚房沒有各自的特色，彼此之間的連結也給人單調的印象。

太過靠近
窗戶的位置正對西側的住家，而且靠得太近。

非常狹窄
小小的盥洗更衣室裡還設置洗衣區，這樣的配置使得毛巾等的收納空間不足，給人很雜亂的印象。

很浪費的走廊
通往樓梯和房間的走廊很無趣，使得玄關穿堂大卻無意義。

廚房　娛樂室　露台　飯廳　客廳　2F 1:200

浴室　洗衣機　穿堂　門廊　臥房　房間1　房間2　入口通道　1F 1:200

觀察外在狀況，
打造舒適的安身之所

飯廳空間。結合面陽台的窗戶設置大開口，可以欣賞到遠方的景色

攝影：Akinobu Kawabe
（兩幀皆是）

用牆壁遮住
刻意設置翼牆，讓人從飯廳不容易看到冰箱和廚房家電等。廚房這一側變得方便利用，飯廳那一側也變成寧靜的空間。

慎選窗戶的位置
在不會正對鄰宅的位置設小窗戶讓空氣流通，減輕封閉感。

用樓梯分隔開來
挾著中央樓梯配置客廳、飯廳和廚房。雖然是整個打通，但因為有樓梯而得以區隔開來，並保有適度的距離感。樓梯設有及腰的矮牆，並把通往一樓的樓梯口設在靠近廚房的位置，使客廳和飯廳寧靜祥和。

可以賞景
可眺望西北邊開闊景致的飯廳。轉角兩面窗戶因為有及腰的矮牆，成為令人感到安心的場所。

受到保護的安心感
客廳背對著牆面而設，因而得以保有清靜和安心感。從客廳可以越過露台眺望北側綠地。

緩衝空間
露台緩和了飯廳的日照，並確保與西側鄰宅的距離。

廚房

娛樂室

飯廳

客廳

露台

2F
1:150

也可享受戶外美景
可一眼望盡北側綠地的浴室、盥洗更衣室和穿堂。把洗衣區移出盥洗更衣室，使盥洗更衣室空間變得清爽。

生活的律動
在房子中央設置回旋梯，所有規劃面向中央沿著樓梯呈螺旋狀展開，為生活帶來律動。

浴室

洗衣機

穿堂

玄關

收納間

臥房

走廊

門廊

房間2

房間1

入口通道

可分割
主臥房比較大間，但設計成將來想要變更用途時可以隔成兩間。隔間之後，兩個房間照樣可以眺望北側的綠地。

1F
1:150

基地面積／47.99㎡
樓地板面積／91.32㎡
設計／imajo design
　　　（今城俊明、今城由紀子）
案名／國分寺的家

可以窺探屋外情況
走廊設有腰窗，可以邊走邊越過門廊窺探道路那一側的情況。房間是停留用的空間，而串連這些房間的走廊是移動用空間。這樣的設計讓人對走廊產生全新的印象。

寬敞的門廊
小房子一旦設置不會淋雨的門廊和屋簷，立刻感覺寬闊起來。玄關門採用不容易妨礙出入的拉門設計。

056

生活中
享受果園風光，
家人同心一體的
被動式住宅

住在這裡的是經營梨子園的一家人。基地位於住宅區內，鄰接果園，從住家可以望見果樹。

可享受「食與農」、「職與住」合為一體的生活，實現在家中任何角落都能感知家人動靜的空間配置是案主對住家的主要要求。除了在果園工作的空檔可穿著鞋子進入的土間等貼近實際生活的提案之外，充分利用周圍自然環境達到室內通風的被動式住宅設計，也成了此案的一項特色。

前提條件
家庭成員：夫妻＋小孩3人
基地條件：基地面積295.60㎡
　　　　　建蔽率60%、容積率160%
　　　　　位於都市化持續進展的郊外住宅區，而自家
　　　　　梨子園就在旁邊的平坦土地。
案主的主要要求
• 希望藉由廚房感受全家人的動靜
• 在田間工作的空檔可以不必脫鞋的休息空間
• 不經由客廳就能到達盥洗室、浴室的動線
• 半開放式的和室

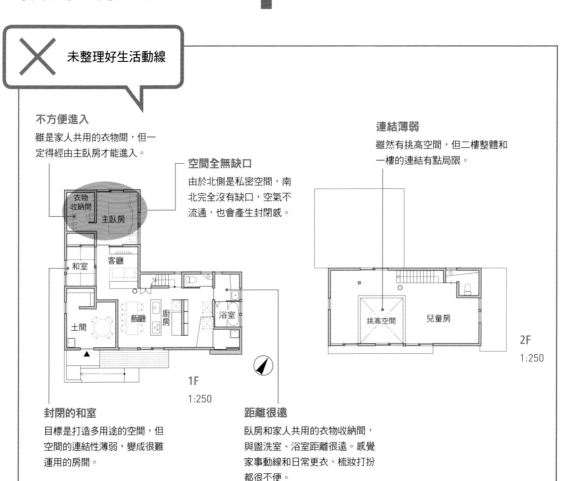

✕ 未整理好生活動線

不方便進入
雖是家人共用的衣物間，但一定得經由主臥房才能進入。

空間全無缺口
由於北側是私密空間，南北完全沒有缺口，空氣不流通，也會產生封閉感。

連結薄弱
雖然有挑高空間，但二樓整體和一樓的連結有點局限。

衣物收納間
主臥房
和室
客廳
土間
飯廳
廚房
浴室

1F
1:250

挑高空間
兒童房

2F
1:250

封閉的和室
目標是打造多用途的空間，但空間的連結性薄弱，變成很難運用的房間。

距離很遠
臥房和家人共用的衣物收納間，與盥洗室、浴室距離很遠。感覺家事動線和日常更衣、梳妝打扮都很不便。

考慮田間勞動的需要，同時重視生活的擴展

左：房子東南側的外觀
右：從玄關看向室內。農家風格的寬闊土間，飯廳、客廳、和室漸次展開

攝影：山田新治郎（三幀皆是）

應成長需要
二樓的兒童房應成長需要可變更隔間。透過挑高空間可隨時與一樓互通聲息。

兒童房　書房　兒童房

挑高空間

2F
1:200

位在深處的主臥房
位置離南面的入口通道最遠、注重隱私的主臥房。靠近衣櫥和用水區，方便梳洗打扮。

可以從中穿過
可收納全家人衣物的衣櫥。採雙向開口設計，兼作通往主臥房的通道，善用空間不浪費。

兼作家務室
盥洗室內設置多個收納毛巾、內衣的收納架。洗臉台旁備有燙熨台，兼具家務室的功用。

微風穿過
面北開窗、降低天花板高度的客廳是讓人心情平靜的空間。宜人的微風會從飯廳面南的窗戶吹進來，穿過客廳。

可作各種用途
打開拉門和室便與客廳連通，成為孩子的遊戲場。無論是擺設季節性裝飾，或是關上拉門作為客房，可以有多種用途。

以農家的土間為意象
田間勞動的空檔可以喝茶、用餐的寬闊土間。也可以當作作業場，發揮與昔日農家土間同樣的功用。

主臥房
浴室
和室　客廳　衣物收納間
土間　飯廳　廚房

1F
1:200

基地面積／295.60㎡
樓地板面積／130.41㎡
設計、施工／鈴木工務店
案名／聚在梨花下

可眺望梨子園
家人聚集的飯廳配置在可眺望南邊庭院的地方。巨大的屋頂下，一家人聚在大餐桌前，眺望著庭院度過和樂的時光。

不把髒污帶進室內
後門裝設大屋簷，放置外用水槽和洗衣機。避免將田間勞動或是孩子社團活動時弄髒的衣物帶進室內。

057

設想自高處遠望的視角，欣賞由遠到近的風景

可以欣賞景色平靜過生活、兼顧開闊感和安心感的家。依照可望見遠方山丘上茂密的樹林（遠景）、近一點的竹林、小楢林（中景）的考量安排窗戶，設置寧靜祥和的棲身之所。並栽種植物作為近景，與四鄰的樹木相接，製造出遠近感。

由於位在轉角，因此外觀的設計沒有內外之分。內部則利用對角的關係創造客廳和飯廳、廚房和窗邊等空間的連結，及與外部（風景）的連結。

前提條件
家庭成員：夫妻＋小孩1人
基地條件：基地面積125.64㎡
　　　　　建蔽率50%、容積率100%
　　　　　與道路之間有2m以上的高低差。現有兼具擋土牆功能的車庫。位在山丘的半山腰上，展望視野良好，但與四周的住家和公寓靠得很近。

案主的主要要求
• 希望能眺望東南方的景致
• 飯廳的窗戶可小一點
• 要能感覺到家人的動靜

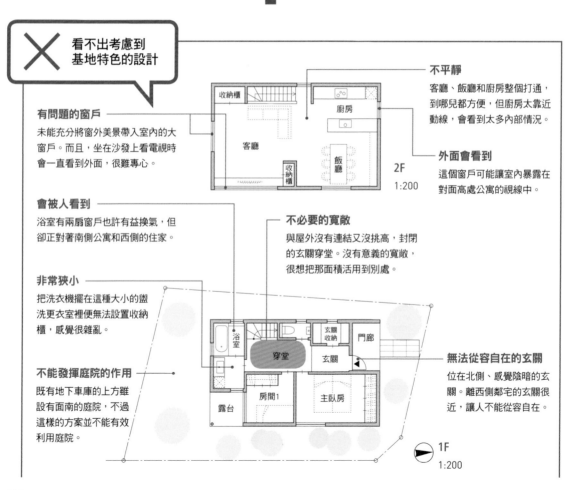

✗ 看不出考慮到基地特色的設計

有問題的窗戶
未能充分將窗外美景帶入室內的大窗戶。而且，坐在沙發上看電視時會一直看到外面，很難專心。

不平靜
客廳、飯廳和廚房整個打通，到哪兒都方便，但廚房太靠近動線，會看到太多內部情況。

收納櫃
廚房
客廳
飯廳
收納櫃

2F
1:200

外面會看到
這個窗戶可能讓室內暴露在對面高處公寓的視線中。

會被人看到
浴室有兩扇窗戶也許有益換氣，但卻正對著南側公寓和西側的住家。

非常狹小
把洗衣機擺在這種大小的盥洗更衣室裡便無法設置收納櫃，感覺很雜亂。

不必要的寬敞
與屋外沒有連結又沒挑高，封閉的玄關穿堂。沒有意義的寬敞，很想把那面積活用到別處。

不能發揮庭院的作用
既有地下車庫的上方雖設有面南的庭院，不過這樣的方案並不能有效利用庭院。

浴室
穿堂
玄關收納
門廊
玄關
房間1
主臥房
露台

無法從容自在的玄關
位在北側、感覺陰暗的玄關。離西側鄰宅的玄關很近，讓人不能從容自在。

1F
1:200

從二樓廚房看過去。左邊是飯廳，右後方是客廳。在視線可穿透到遠方的位置設置窗戶，製造出寬闊感

攝影：Akinobu Kawabe
（兩幀皆是）

考慮到高低差和四鄰，提升舒適度

用家具營造安心感
設置吧檯式收納櫃，做成把客廳圍起來的樣子，使得客廳成為寧靜、舒適的場所。

清爽的生活
到哪都方便的房子中央附近設置大型收納間，把物品集中收納在這裡。因此客廳便不需要收納櫃，而能設置工作區和吧檯式收納櫃。

可看電視也可賞景
坐在L型沙發上可以從轉角的窗戶望見遠方的風景，也可觀賞另一個方向的電視。窗外的風景和電視不會互相干擾。

看遠又看近
從廚房可以越過穿堂望盡客廳，還可以欣賞對面飯廳窗外的中景和遠景。

明亮的用水區
把主臥房設在北側，用水區設在南側。確保清爽明亮和空氣流通。盥洗更衣室同時也是庭院的出入口，這樣即使把LDK移上二樓，也能輕易地走到戶外。

可以安穩地睡覺
減少開口部的面積，並把房間配置在入口通道後方，與東側的馬路保持距離，以提高臥房作為「睡覺場所」的特性。

安全又通風
在折疊牆的裡面設置狹縫狀的窗戶，將風和間接光線引入室內。因為是狹縫狀，人無法鑽過，所以具有優異的防盜性，外出時也可以打開通風。

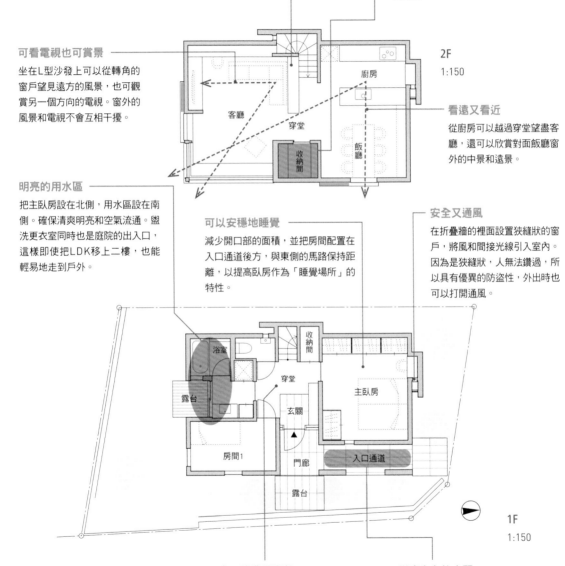

2F
1:150

客廳
穿堂
收納間
廚房
飯廳

浴室
收納間
穿堂
玄關
主臥房
露台
房間1
門廊
入口通道
露台

1F
1:150

基地面積／125.64㎡
樓地板面積／98.20㎡
設計／imajo design
　　　（今城俊明、今城由紀子）
案名／日吉本町之家

毫不浪費且寬敞
玄關、穿堂設置在房子的中心，因此不會產生無意義的移動空間。從玄關還可以透過門廊欣賞到風景。

從容自在的玄關
沿著不會淋雨的入口通道走幾公尺就到玄關。因為離馬路有段距離，玄關和門廊因而成為從容自在的空間。

058

在平面形狀上變花樣，享受高地優點的二樓LDK的家

高地上以二樓作LDK的住宅。從二樓遠眺的風景十分開闊，完全不用在意四鄰的視線，並可望見神戶的山脈和大海。二樓客廳的位置稍微突出於廚房和飯廳，可以四面採光，是非常舒適的空間。此外，這樣的平面形狀也製造出中庭空間，使得明亮的陽光可以照到一樓的中央附近。

理解基地的特性，並將基地的潛力發揮到極致，於是打造出充滿陽光和綠意的住宅。

前提條件

家庭成員：夫妻＋小孩2人

基地條件：基地面積267.45㎡
建蔽率40%、容積率80%
已有挖壁式車庫、位在高地上的造成地（經過挖山、填土、改良地盤等工程，整備完成的住宅用地）。與道路有約5m的高度差、東西較長的基地。

案主的主要要求

• 住起來舒適，好利用
• 充分利用周邊風景，感受季節的變換
• 可熱情款待客人的家

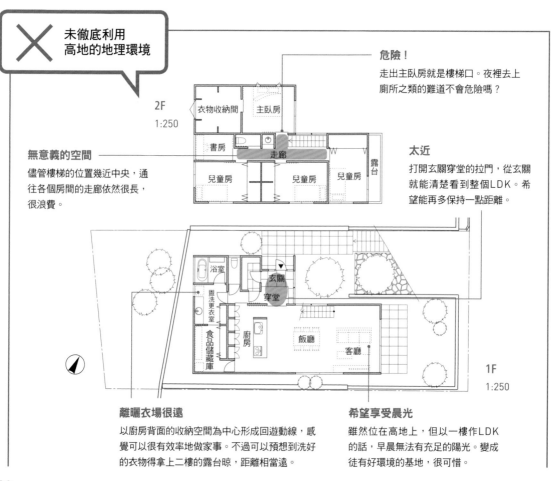

✕ 未徹底利用高地的地理環境

2F 1:250

衣物收納間　主臥房　書房　走廊　兒童房　兒童房　兒童房　露台

危險！
走出主臥房就是樓梯口。夜裡去上廁所之類的難道不會危險嗎？

無意義的空間
儘管樓梯的位置幾近中央，通往各個房間的走廊依然很長，很浪費。

太近
打開玄關穿堂的拉門，從玄關就能清楚看到整個LDK。希望能再多保持一點距離。

1F 1:250

浴室　盥洗更衣室　食品儲藏庫　廚房　玄關穿堂　飯廳　客廳

離曬衣場很遠
以廚房背面的收納空間為中心形成回遊動線，感覺可以很有效率地做家事。不過可以預想到洗好的衣物得拿上二樓的露台晾，距離相當遠。

希望享受晨光
雖然位在高地上，但以一樓作LDK的話，早晨無法有充足的陽光。變成徒有好環境的基地，很可惜。

把LDK移上二樓，豐富日常的生活

二樓客廳。這裡是感覺有如飄浮在空中、四面都有窗戶的空間。明亮的陽光和從高地遠望的風景能消除日常的疲憊

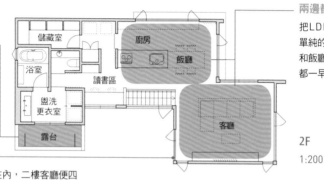

兩邊都明亮
把LDK設在二樓，而且不是單純的全部打通，而是讓客廳和飯廳呈雁行排列，使得兩邊都一早就有陽光。

可以直接晾衣
把曬衣露台配置在放置洗衣機的盥洗更衣室外面，衣服洗好後就能直接晾起來。

儲藏室

廚房

飯廳

浴室

讀書區

盥洗更衣室

客廳

露台

2F
1:200

光線和綠意兼具
如果連南側牆上的窗戶也算在內，二樓客廳便四面都有窗戶。既有充足的光線，同時又能盡情享受風景和庭園綠意。

植栽

兒童房

兒童房

玄關

鞋子收納間

穿堂

衣物收納間

露台

兒童房

書房

主臥房

1F
1:200

一樓也明亮
把建築物設計成ㄈ形，讓往往偏暗的房子中央也有來自中庭的光線，變成明亮的空間。玄關穿堂有來自樓梯上方窗戶的光線，格外明亮。

地下車庫

地下層
1:200

基地面積／267.45㎡
樓地板面積／181.52㎡
設計、施工／伊田工務店IDA HOMES
案名／視野敞開的家

059

從各個角落都能眺望大海，簡單的家

東側有中學，東南可眺望大海和餐廳的松林，且三向道路行人都不多，得天獨厚的基地。雖然屬於準防火區域，但在配置上下工夫，實現採用全開式窗框等的開放式規劃。

在確保隱私的同時，從客廳、地板墊高區可以感受經過窗框裁切的海景，從廚房和飯廳則可欣賞到全開式窗框外的大海。二樓的兒童房也設計簡單、小巧但開闊，是個明亮的房間。

前提條件
家庭成員：夫妻＋小孩1人
基地條件：基地面積132.25㎡
　　　　　建蔽率70%、容積率180%
　　　　　看得到海的高地上、形狀方正的土地。三面臨馬路，南邊是斜坡，與路面有一定的高低差。
案主的主要要求
• 具有開闊感的挑高空間
• 感覺得到大海氣息的家
• 可以成為第二客廳的平台等

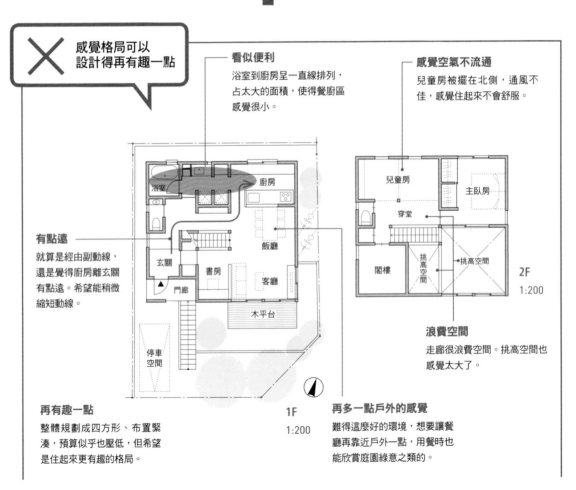

✕ 感覺格局可以設計得再有趣一點

看似便利
浴室到廚房呈一直線排列，占太大的面積，使得餐廚區感覺很小。

感覺空氣不流通
兒童房被擺在北側，通風不佳，感覺住起來不會舒服。

有點遠
就算是經由副動線，還是覺得廚房離玄關有點遠。希望能稍微縮短動線。

浪費空間
走廊很浪費空間。挑高空間也感覺太大了。

再有趣一點
整體規劃成四方形、布置緊湊，預算似乎也壓低，但希望是住起來更有趣的格局。

再多一點戶外的感覺
難得這麼好的環境，想要讓餐廳再靠近戶外一點，用餐時也能欣賞庭園綠意之類的。

1F 1:200

2F 1:200

為空間製造變化，
享受不一樣的風景

從地板墊高區看出去。
可以望見經過窗框裁切
的海景。右側看到的是
與飯廳相連的木平台

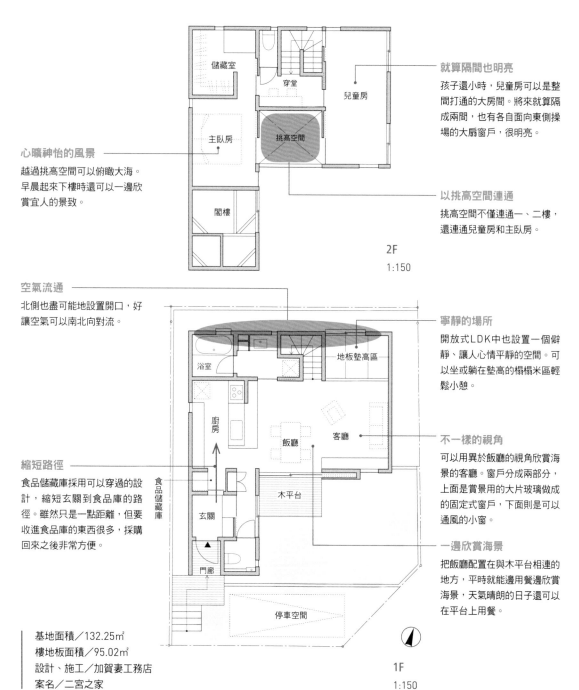

就算隔間也明亮

孩子還小時，兒童房可以是整
間打通的大房間。將來就算隔
成兩間，也有各自面向東側操
場的大扇窗戶，很明亮。

心曠神怡的風景

越過挑高空間可以俯瞰大海。
早晨起來下樓時還可以一邊欣
賞宜人的景致。

以挑高空間連通

挑高空間不僅連通一、二樓，
還連通兒童房和主臥房。

儲藏室　穿堂　兒童房

主臥房　挑高空間

閣樓

2F
1:150

空氣流通

北側也盡可能地設置開口，好
讓空氣可以南北向對流。

寧靜的場所

開放式LDK中也設置一個僻
靜、讓人心情平靜的空間。可
以坐或躺在墊高的榻榻米區輕
鬆小憩。

浴室　地板墊高區

廚房　飯廳　客廳

不一樣的視角

可以用異於飯廳的視角欣賞海
景的客廳。窗戶分成兩部分，
上面是賞景用的大片玻璃做成
的固定式窗戶，下面則是可以
通風的小窗。

縮短路徑

食品儲藏庫採用可以穿過的設
計，縮短玄關到食品庫的路
徑。雖然只是一點距離，但要
收進食品庫的東西很多，採購
回來之後非常方便。

食品儲藏庫

木平台

玄關

門廊

一邊欣賞海景

把飯廳配置在與木平台相連的
地方，平時就能邊用餐邊欣賞
海景，天氣晴朗的日子還可以
在平台上用餐。

停車空間

基地面積／132.25㎡
樓地板面積／95.02㎡
設計、施工／加賀妻工務店
案名／二宮之家

1F
1:150

借鄰地的綠意
感受四季，
內外一體的
大LDK

案主當初是看中鄰地為農林用地才買下這片土地，期待打造成可以從客廳眺望綠意的住家。基本計劃便是從「打造與農林地的樹木等自然環境融為一體的空間」這樣的概念起步。

由客廳一直到大露台是寬闊到可以讓孩子騎三輪車遊玩的奢侈空間。客廳的上方挑高，隨時有陽光從上方照進室內。以客廳為中心的空間配置是此案的特色，幾乎是一開始就設計好的規劃。

前提條件
家庭成員：夫妻＋小孩3人
基地條件：基地面積82.76㎡
　　　　　建蔽率50%、容積率100%
　　　　　寧靜的住宅區內東西狹長的基地。東側有農林地。
案主的主要要求
• 日照良好、家人匯聚的客廳
• 想借景鄰地的綠意
• 大露台、展示型的大收納櫃等

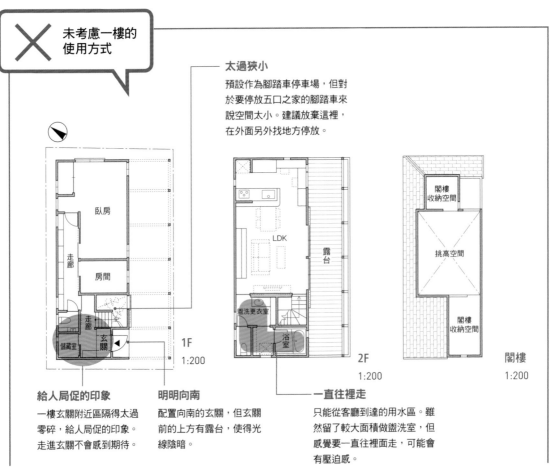

✕ 未考慮一樓的使用方式

太過狹小
預設作為腳踏車停車場，但對於要停放五口之家的腳踏車來說空間太小。建議放棄這裡，在外面另外找地方停放。

1F 1:200

2F 1:200

閣樓 1:200

給人局促的印象
一樓玄關附近隔得太過零碎，給人局促的印象。走進玄關不會感到期待。

明明向南
配置向南的玄關，但玄關前的上方有露台，使得光線陰暗。

一直往裡走
只能從客廳到達的用水區。雖然留了較大面積做盥洗室，但感覺要一直往裡面走，可能會有壓迫感。

不再硬塞，
珍視切合生活的
開闊感

左：一樓走廊。保留較大面積做走廊，設置開放式衣櫥
右：二樓LDK。寬敞的露台和室內連成一體

可眺望綠意的窗戶
轉角也做成窗戶，從廚房和讀書區也能欣賞到戶外的綠意。

二樓LDK的優點
二樓LDK上方沒有地板，因此可以將屋頂形狀利用到極致，以打造挑高空間。除了朝露台擴大，還往上擴大，使整個二樓籠罩著暢快的開闊感。

感覺如庭院的露台
大露台平坦地接連LDK，窗戶也可全面敞開，是可以當作庭院利用的外部空間。與室內連成一體，開闊感極佳。

好用第一
用水空間的配置則重視好用與否和動線，配置得很緊湊。考慮到是五口之家，設置較大的更衣室以充實收納功能。

廚房

讀書區

客廳、飯廳

露台

盥洗室

更衣室　浴室

2F
1:150

閣樓收納空間

挑高空間

閣樓收納空間

閣樓
1:150

做得比較大
一樓的走廊做得稍微大一點，做成開放式的收納空間。設置架子，作為家庭收納之用。

壁櫥

房間

走廊

玄關的擴大
土間通道上的開放式鞋櫃也讓人感覺玄關很寬闊。不只收放鞋子，還能收放房子四周的各種雜物。

玄關

收納櫃

一開始先做成大房間
全家人睡在一起的一樓房間將來可以隔間，但孩子年紀還小時先作單間式的大房間利用。感覺也會加深家人間的情誼。

門廊

1F
1:150

基地面積／82.76㎡
樓地板面積／81.17㎡
設計、施工／ハウステックス
案名／有木頭溫暖的房子

061

讓人還想
再去的別墅
需要與尋常規劃
相反的構想

宛如貼著可俯瞰大海的山坡而建的平房式別墅改建案。西、南、北三面有如一半埋在山裡，只有東面面向遼闊的大海，風景美極了。一般常見的規劃會把客廳、飯廳配置在面海側的開放式空間，並將臥房和浴室配置在靠山崖側。但此案卻刻意顛倒過來，把臥房和浴室配置在面海側，客廳則設在靠山崖側，做成像白色洞窟的感覺。這是動腦筋設法讓人還想再來的結果。

前提條件
家庭成員：夫妻＋小孩1人
基地條件：基地面積164.00㎡
　　　　　建蔽率60%、容積率150%
　　　　　山頂上一側是山崖，另一側是遼闊大海的環境。由於在山裡，蟲子很多。
案主的主要要求
• 屋頂上有庭院可以烤肉
• 設計成彷彿一人獨占了眼前的大海
• 讓人即使過了一段時間後還想再來

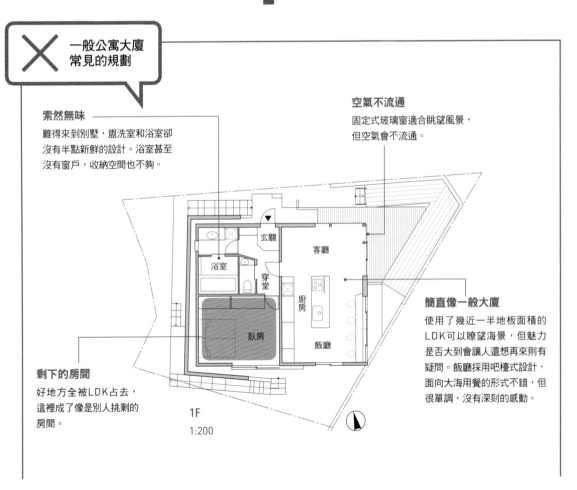

✕ 一般公寓大廈
常見的規劃

索然無味
難得來到別墅，盥洗室和浴室卻沒有半點新鮮的設計。浴室甚至沒有窗戶，收納空間也不夠。

空氣不流通
固定式玻璃窗適合眺望風景，但空氣會不流通。

剩下的房間
好地方全被LDK占去，這裡成了像是別人挑剩的房間。

簡直像一般大廈
使用了幾近一半地板面積的LDK可以瞭望海景，但魅力是否大到會讓人還想再來則有疑問。飯廳採用吧檯式設計，面向大海用餐的形式不錯，但很單調，沒有深刻的感動。

玄關　客廳　浴室　穿堂　廚房　臥房　飯廳

1F
1:200

限定觀海的方式
讓人留下深刻印象

左：有如洞窟的客廳
右：景致絕佳的臥房。可依心情和風的
強度改變開窗的方式

位在動線上的廚房
平時用餐走客廳這邊，在平台烤肉時走收納那邊，可依情況改變方向。

土間收納的魅力
倉庫與玄關土間連通，可以不必脫鞋就拿到上山、下海要用的工具或烤肉工具等。同時也是玄關通往廚房的副動線。

收納的巧思
不只是留空間作收納，更具體設想要收放的物品，如放傘架的空間、放吸塵器的空間等。好用度一下子大增。

可與大海對話的臥房
墊高35cm的榻榻米區，不論坐或臥都剛剛好。面向大海的窗戶非固定式，許多扇都可以打開，讓舒爽宜人的海風吹進室內。

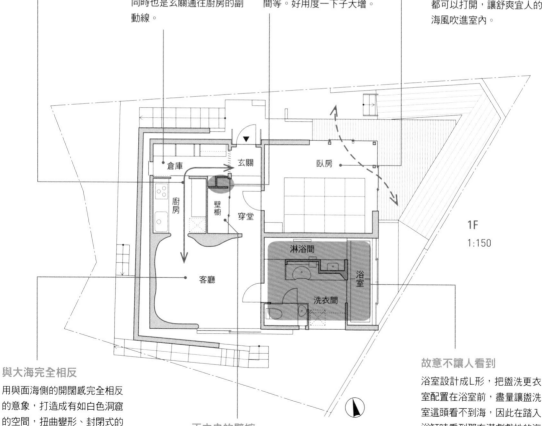

1F
1:150

倉庫
玄關
臥房
廚房
壁櫥
穿堂
淋浴間
浴室
客廳
洗衣間

與大海完全相反
用與面海側的開闊感完全相反的意象，打造成有如白色洞窟的空間，扭曲變形、封閉式的牆壁給人不可思議的安心感。

基地面積／164.00㎡
樓地板面積／66.24㎡
設計、施工／剛保建設
案名／i-villa

正中央的壁櫥
別墅少有人出入，被褥會很快因為濕氣而發黴。因此把壁櫥配置在房子正中央，以防濕氣靠近。

故意不讓人看到
浴室設計成L形，把盥洗更衣室配置在浴室前，盡量讓盥洗室這頭看不到海，因此在踏入浴缸時看到那充滿劇戲性的海景會加倍喜悅。

062

一、二樓皆設計回遊動線，變得更為明亮、寬廣、效率佳

位於寧靜住宅區裡，一家四口（夫妻和兩名子女）居住的家。一樓的LDK成為主要的生活空間。把廚房、榻榻米區和客廳配置在樓梯四周，做成具有回遊性的一個大空間。此外，在LDK的東南和西南設置窗戶，使一樓全天都能採光。

二樓也和一樓一樣，以樓梯為中心配置用水區和衣物收納間，讓空間具有回遊性，並照顧到家事動線。孩子們的空間則做成開放空間，將來可以分隔成兩個房間。

前提條件
家庭成員：夫妻＋小孩2人
基地條件：基地面積92.70㎡
　　　　　建蔽率60%、容積率150%
　　　　　寧靜住宅區內、面寬約8m的基地。
案主的主要要求
• 好居住的普通住家
　（不要求建築師式的新奇古怪設計）
• 方便養育孩子的家
• 有自由度的家

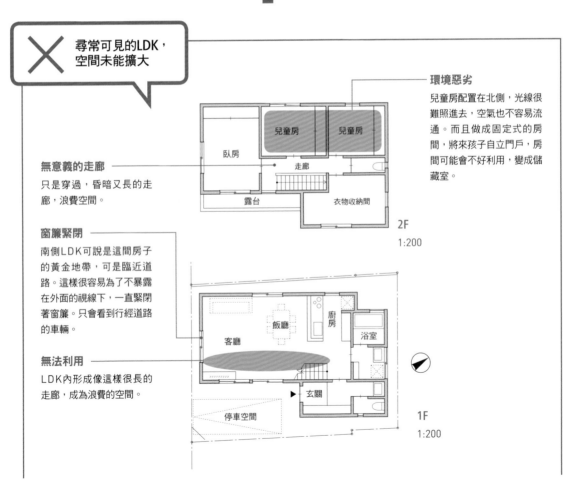

✕ 尋常可見的LDK，空間未能擴大

無意義的走廊
只是穿過，昏暗又長的走廊，浪費空間。

窗簾緊閉
南側LDK可說是這間房子的黃金地帶，可是臨近道路。這樣很容易為了不暴露在外面的視線下，一直緊閉著窗簾。只會看到行經道路的車輛。

無法利用
LDK內形成像這樣很長的走廊，成為浪費的空間。

環境惡劣
兒童房配置在北側，光線很難照進去，空氣也不容易流通。而且做成固定式的房間，將來孩子自立門戶，房間可能會不好利用，變成儲藏室。

兒童房　兒童房
臥房
走廊
露台　　衣物收納間
2F
1:200

飯廳　廚房
客廳　　浴室
玄關
停車空間
1F
1:200

以迴旋梯為中心
讓整個家充滿樂趣

攝影：石井雅義
（三幀皆是）

一樓LDK。做出一條繞著中央樓梯回遊的動線。沒有用牆遮蔽樓梯，因此視線可以穿透

二樓兒童房。孩子還小時以整間打通的方式利用

閣樓

閣樓
1:150

挑高空間

雙向皆可進入

從盥洗更衣間也可以走到臥房旁的衣櫥，此衣櫥並連通露台，使得洗衣服→拿到露台晾→收進衣櫥的洗衣動線也很順暢。

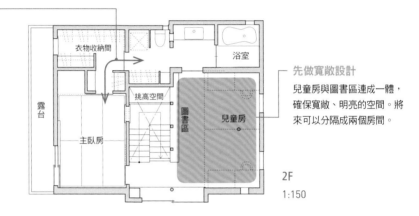

衣物收納間

浴室

露台

挑高空間

主臥房

圖書區

兒童房

先做寬敞設計

兒童房與圖書區連成一體，確保寬敞、明亮的空間。將來可以分隔成兩個房間。

2F
1:150

東西向的窗戶

在LDK的東側和西側設置窗戶，使LDK全天都能採光，且空氣流通。此外，讓客廳的開口斜對著鄰地的邊界，再設置庭院，也可以有更多的光線和風進入室內。

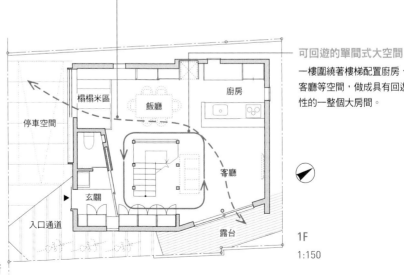

榻榻米區

飯廳

停車空間

廚房

客廳

玄關

入口通道

露台

可回遊的單間式大空間

一樓圍繞著樓梯配置廚房、客廳等空間，做成具有回遊性的一整個大房間。

基地面積／92.70㎡
樓地板面積／109.73㎡
設計／佐久間徹設計事務所
案名／上馬之家

1F
1:150

063
利用鋪榻榻米的客廳和飯廳，做成可輕鬆小憩、愉快的格局

都心近郊常見、面寬狹窄的長方形狹小基地。案主希望在這裡打造一家三口的住所。

基於基地條件，一般會規劃成長條形的平面，上下層和分離開來的各個房間連結往往很淡薄。此規劃案則將二樓中央附近的日光室局部改成鏤空式地板，以連通一樓的LDK，製造出上下樓層的連結。一樓的客廳和飯廳鋪設榻榻米，可一邊享受有圍牆保護的四季庭園，一邊悠閒小憩，作為整個家的核心。

前提條件
家庭成員：夫妻＋小孩1人
基地條件：基地面積92.09㎡
　　　　　建蔽率50%、容積率100%
　　　　　恬靜的住宅區內，面寬4m，深12m的長方形狹小基地。
案主的主要要求
• 散發木質香氣的家
• 席地而坐的生活，不要餐桌、沙發椅
• 要能感覺到家人的動靜
• 開放、明亮的格局

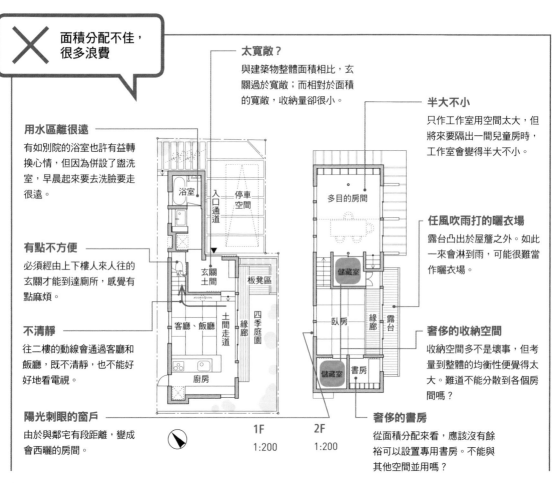

✕ 面積分配不佳，很多浪費

太寬敞？
與建築物整體面積相比，玄關過於寬敞；而相對於面面的寬敞，收納量卻很小。

半大不小
只作工作室用空間太大，但將來要隔出一間兒童房時，工作室會變得半大不小。

用水區離很遠
有如別院的浴室也許有益轉換心情，但因為併設了盥洗室，早晨起來要去洗臉要走很遠。

有點不方便
必須經由上下樓人來人往的玄關才能到達廁所，感覺有點麻煩。

不清靜
往二樓的動線會通過客廳和飯廳，既不清靜，也不能好好地看電視。

陽光刺眼的窗戶
由於與鄰宅有段距離，變成會西曬的房間。

任風吹雨打的曬衣場
露台凸出於屋簷之外。如此一來會淋到雨，可能很難當作曬衣場。

奢侈的收納空間
收納空間多不是壞事，但考量到整體的均衡性便覺得太大。難道不能分散到各個房間嗎？

奢侈的書房
從面積分配來看，應該沒有餘裕可以設置專用書房。不能與其他空間並用嗎？

浴室　入口通道　停車空間
玄關土間
板凳區
客廳、飯廳　土間走道　緣廊　四季庭園
廚房

多目的房間
儲藏室
臥房　緣廊　露台
儲藏室　書房

1F 1:200　　2F 1:200

二樓設用水區，
為動線創造流動性

上：二樓曬衣場。靠窗側採用
鏤空式地板，可透過這裡傳遞
家中的動靜
右：一樓LDK。關上拉門，
面前的榻榻米部分便成了客房
或佛堂

攝影：青野浩治（三幀皆是）

確保收納量
善用樓梯下方和面寬打造玄
關的收納空間。由於鄰接土
間，要搬入髒污的大型物品
也很方便，很好利用。

緊湊的專用收納空間
依每個房間的用途製做固定
式收納櫃，打造緊湊的專用
收納空間。

自然的流動
考量好用與否、生活動線，
把用水區移上二樓。按照洗
澡→就寢→起床→洗臉這類
日常生活自然的順序配置。

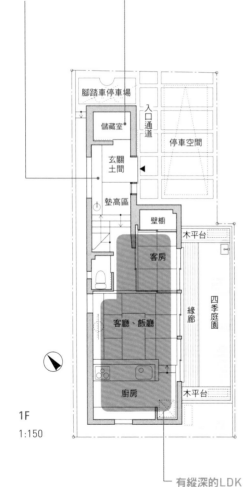

腳踏車停車場
儲藏室
入口通道
停車空間
玄關土間
墊高區
壁櫥
木平台
客房
四季庭園
客廳、飯廳
緣廊
廚房
木平台

1F
1:150

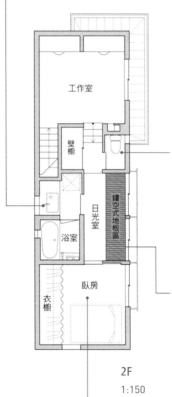

工作室
壁櫥
日光室
浴室
臥房
衣櫥

2F
1:150

夜裡也安全
考量到夜間利用的便利
性，二樓也設置廁所，
且臥房到廁所的通道不
設台階。

下雨也可曬衣服
讓室內也具備露台功
能，設計可使用更大空
間的室內曬衣場。透過
鏤空式地板，上下樓層
的任何角落都能感知到
家人的動靜。

基地面積／92.09㎡
樓地板面積／83.35㎡
設計／設計アトリエ（瀨野和広）
案名／tatamause

有縱深的LDK
藉由整頓玄關四周，實現充分
利用建築物形狀、可感覺到空
間擴大的LDK。只要把隔間
全部打開，便成為一直通到玄
關的一體化大空間。

連成一體的收納
只以布幔隔間，確保房內設
置收納櫃後依然有8張榻榻
米大。

064

利用回遊動線和地板墊高讓活動性和舒適性並存

案主希望做成溫度差異不大,且重視家人連結的家。因此設計師在考量房間的連續性的同時,也讓家人能自然匯聚的愉快空間散布在LDK的四周,如客廳旁高起的榻榻米區、家人共用的書房,和窩在角落裡依然與四周有連結的女主人的裁縫區等。製造了回遊性,也提高家事動線的效率。採用被動式太陽能系統,實現一年四季空氣循環皆良好的室內環境。

前提條件
家庭成員:夫妻+小孩2人
基地條件:基地面積160.72㎡
　　　　　建蔽率50%、容積率80%
　　　　　基地內有若干高低差,形狀幾近正方形。
　　　　　南側臨接道路。
案主的主要要求
• 整個家的室內溫度穩定、舒適
• 可感知家人的動靜
• 隱私受到保護
• 希望有室內曬衣場

✕ 少了一點巧思,無趣的規劃

收納量很少
廚房小而完備,但希望能預留更大的收納空間。若有食品庫就更理想了。

要讓人看不到
希望把廁所門遮住,盡量讓客廳的人不會看到。此外,希望也設置獨立的洗手台,以便回到家後可以洗手。

通風不良又狹小
由於通風不良很難換氣,面積也很狹小。同時未設想到通往露台的動線。

收納量不足
以主臥房的收納空間來說太小。可以的話,希望有這個的兩倍大。

陰暗&狹小
中央的走道難有光線照入,會凸顯出空間狹小。南北向被切斷,通風也差。

不清靜的庭院
庭院既然位在道路旁,就要設法管制來自道路的視線。

2F
1:200

1F
1:200

閣樓
1:200

上部收納空間
梯子
閣樓
挑高空間

廚房　飯廳
榻榻米區　客廳　玄關

書房　浴室
主臥房　兒童房

停車空間

上：一樓LDK。墊高的榻榻米
區可坐可躺，是能夠放鬆休息的
空間
下：二樓盥洗室。並設有收納
櫃，可以在很短的動線內完成毛
巾類等的洗、晾、收

重新檢討動線和面積分配，提升舒適性

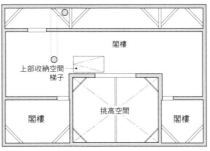

閣樓
1:150

閣樓
上部收納空間
梯子
閣樓　挑高空間　閣樓

利用樓梯
利用樓梯四周的空間做挑高，消除二樓走廊的封閉感，同時確保上下樓層的通風和採光。挑高空間也成為單調的客廳和飯廳的一項點綴。

效率佳
廚房旁的食品庫雖然小巧，但有回遊動線很方便，且收納量很大。在回遊動線一角設置裁縫區，讓女主人可以享受她喜歡的裁縫。

衣物收納間　挑高空間　浴室
走廊
主臥房　兒童房　盥洗更衣室

2F
1:150

空氣流通且便利
把浴室、廁所、盥洗台、洗衣機、露台配置成一直線。通風良好，洗衣動線也短，十分便利。還能當作室內晾衣場所。

到處皆可棲身
高起的榻榻米區備有任何人都可使用的書桌。是有別於客廳沙發的休息空間，營造出寧靜祥和之感，可隨著自己的心情享受生活。

樓梯下儲藏室
廚房　上方挑高
食品庫　飯廳
玄關
榻榻米區　客廳　鞋子收納間
書房

既敞開又封閉
在確保停車空間的同時，利用木柵欄和植栽分隔內外。保護隱私也設法讓內外都不會有壓迫感。向街道敞開的庭園設計也有利於防盜。

隱藏式廁所和洗手台
設置壁龕，把廁所入口設在從客廳那頭看不到的位置。廁所旁設置小孩和客人可以洗手的獨立洗手台。

感覺寬敞的玄關
以面積來說並沒有特別大，但採用具有穿透性的隔間，讓視線可穿透，給人寬敞的感覺。

與庭院連成一體的感覺
捨棄半大不小的木平台，拉近庭院和室內的距離，強化室內室外的整體感。

基地面積／160.72㎡
樓地板面積／97.96㎡
設計、施工／北村建築工房
案名／木心情之家

停車空間

停車空間

1F
1:150

065

空間強弱分明，只有30坪也能感覺寬敞的極簡時尚住宅

寬敞的玄關穿堂是夏威夷風格的藝廊，展示從夏威夷訂購的畫作和案主收藏的衝浪板。二樓做成挑高空間的大箱子（整間打通的房間），訂做固定式收納櫃、地磚等，堅持採用統一的色調。露台面向屋外，但裝設玻璃牆做成室內露台，使單間式的LDK空間擴展到戶外。外觀極簡時尚，讓人搞不清楚窗戶的位置，也兼具防盜作用。

前提條件

家庭成員：夫妻＋小孩1人

基地條件：基地面積102.64㎡
建蔽率60%、容積率300%
東側臨接道路的方正土地。位於住辦混合區，附近還有併設美術館的大公園。

案主的主要要求
• 可直通玄關的室內車庫
• 寬敞的玄關穿堂，有如藝廊一般
• LDK不設隔間牆做成一個大箱子等

✕ 過度追求變化反而讓人感覺狹小

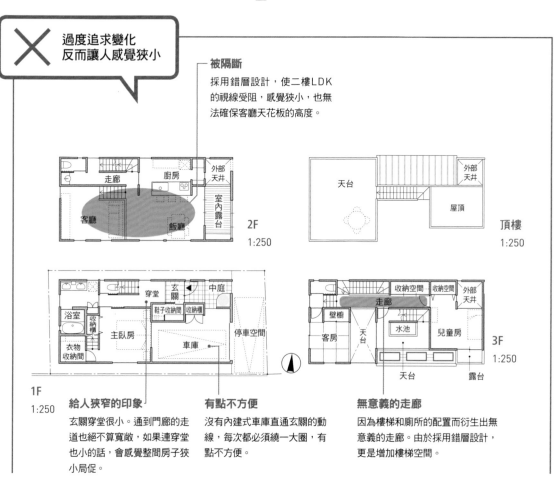

被隔斷
採用錯層設計，使二樓LDK的視線受阻，感覺狹小，也無法確保客廳天花板的高度。

2F 1:250

頂樓 1:250

1F 1:250

3F 1:250

給人狹窄的印象
玄關穿堂很小。通到門廊的走道也絕不算寬敞，如果連穿堂也小的話，會感覺整間房子狹小局促。

有點不方便
沒有內建式車庫直通玄關的動線，每次都必須繞一大圈，有點不方便。

無意義的走廊
因為樓梯和廁所的配置而衍生出無意義的走廊。由於採用錯層設計，更是增加樓梯空間。

省去浪費，
加深寬闊的印象

左：寬敞的玄關穿堂。右邊的門是鞋子收納間，與車庫相通
右：二樓LDK。沒有壓迫感的鋼骨樓梯也成為房間的點綴

基地條件

可變性

採光

人與人
的交流

借景

動線

訪客

隱私

收納

特殊房間

多世代

出租

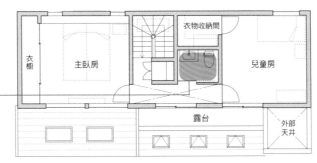

3F
1:150

這裡就夠用
三樓的廁所做得比較大間，並設置洗臉台，洗臉、刷牙等也可以在這裡解決，不必再走到一樓。

衣櫥　主臥房　衣物收納間　兒童房　露台　外部天井

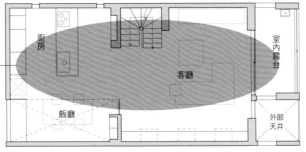

2F
1:150

寬闊的LDK
把LDK集中在一個樓層，並採用鋼骨鏤空的樓梯，營造出擴大的效果。空間還可以延伸到外部的室內露台。

廚房　客廳　室內露台　飯廳　外部天井

1F
1:150

大衣櫥
一樓設置大衣櫥，收納全家人的衣物。在縮短家事動線的同時，也省下了各個房間的衣物收納空間。

浴室　車庫　停車空間　衣物收納間　儲藏室　穿堂　鞋子收納間　玄關　光庭

寬敞的第一印象
玄關穿堂做得比較大，讓人走進房子的第一個印象便覺得很寬敞。

穿過鞋子收納間的捷徑
從車庫穿過鞋子收納間可以到達玄關。雖然只是短短的距離，卻大幅提升便利性。

基地面積／102.64㎡
樓地板面積／143.25㎡
設計、施工／YAZAWA LUMBER
案名／三好之家

066

利用挑高空間和拉門作隔間，有彈性地連結的家

設計簡單、方便利用的家事動線，平時用一樓就可以生活的住家。充分發揮木造建築的結構之美，同時採用太鼓梁（左右削平、上下保留圓弧狀的大梁）作為架在挑高空間中央的大梁。堅持多使用天然素材，如珪藻土的牆壁、無垢的地板材等。

配置必要的各個房間，並善用大屋頂的斜面做挑高的天花板、用拉門隔間，創造出空間的連續性，不僅是平面，在立體上也擴大，布置成提高家人交流互動的家。

前提條件
家庭成員：夫妻＋小孩2人
基地條件：基本面積246.00㎡
　　　　　建蔽率70%、容積率200%
　　　　　靠近車站的住宅區內的轉角地。西、南兩
　　　　　側臨接道路。
案主的主要要求
• 只用一樓就可以生活
• 收納空間多，家事動線要有效率
• 從土間收納區也可進入的玄關

✕ 一、二樓被斷開，缺乏連結

樓梯離玄關很近
從玄關不經過客廳就能到達各個房間，使家人見面的次數減少。

要怎麼利用？
和室採用兩片式拉門，無法完全敞開，有可能變成日常不會用到的「不會開啟的房間」。

衣櫥和曬衣場
曬衣場在一樓，衣櫥在二樓，很可能要雙手捧著疊好的衣服，看不見腳下的情況上樓梯。

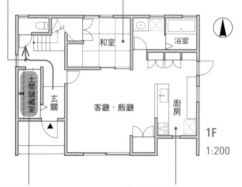

1F
1:200

2F
1:200

狹小陰暗
土間儲藏室壓迫到空間。由於無法設窗戶，感覺玄關會變得陰暗、潮濕。

離玄關很遠
從玄關要穿過客廳才能到廚房。提去廚房的物品很重，體積又大，老實說這條長動線很吃力。

到處是陷阱？
繁忙時刻，有可能被突然打開的門撞到受傷。向內開的話，室內會不好擺放家具。

將來畢竟要面對
爬樓梯變得很辛苦的日子必將到來，屆時主臥房如果在二樓可就辛苦了。

二樓只作最低限度的利用，讓一樓具備完整的生活機能

左：玄關土間。後方接連的是土間儲藏室

右：客廳是天花板挑高的大空間。與二樓的兒童房也聲息相通

先做成一大間

為了讓孩子還小時可以跑來跑去，無拘無束地玩耍，兒童房大一點比較好。待需要獨立的房間時，再利用簡易的牆壁做隔間。

連通的寬闊空間

挑高的天花板不僅帶給一樓開闊感，更自然地連通一、二樓，通風效果出類拔萃。即使在兒童房也能隨時感知一樓家人的動靜。

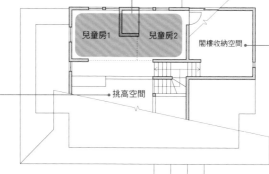

兒童房1　兒童房2

閣樓收納空間

挑高空間

大容量收納

利用閣樓做成的收納空間。天花板高度雖然較低，但作為收納空間綽綽有餘。

2F
1:200

中央的樓梯

在房子中央配置迴旋梯。忙碌時也可以看見家人的臉龐，是家庭幸福圓滿的祕訣！

從玄關到廚房

玄關併設土間儲藏室兼食品庫，通過這裡可以直接走到廚房。常常放在玄關的物品也可收進土間儲藏室，這樣即使突然有客人來訪，也能以清爽的玄關迎接客人。

接待客人的玄關

玄關進入室內的入口預留較大的寬度，成為適合迎接客人的玄關。土間設有窗戶，讓玄關明亮又寬敞。

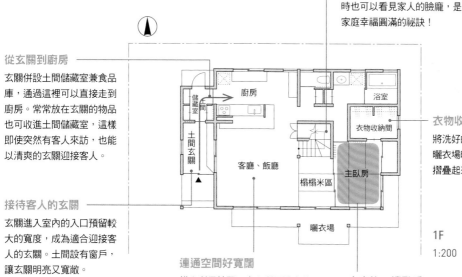

儲藏室

廚房

浴室

衣物收納間

土間玄關

客廳、飯廳

榻榻米區

主臥房

曬衣場

1F
1:200

衣物收納間輕鬆的動線

將洗好的衣服從洗衣機拿到曬衣場晾，再收進榻榻米區摺疊起來，直接放進衣櫥。

連通空間好寬闊

橫向利用拉門、直向利用挑高的天花板，使空間連通，讓人感覺比實際面積要寬敞。

安定的一樓臥房

為將來著想，臥房要設在一樓。配置在東南邊，成為有陽光照入、舒適宜人的房間。

基地面積／246.00㎡
樓地板面積／120.56㎡
設計、施工／小林建設
案名／活用自然能源「連結」的家

067

理解基地特性和期待，追求舒適性的大土間住宅

配合三角形的基地形狀規劃建築物。與鄰地（公園）地面有2m以上的差距，春天可以瞭望櫻花樹，於是設計成可以從客廳的沙發欣賞到櫻花。

先生的興趣是自行車。設計師設計了一間大土間作為親自維修保養的空間，並以鞋櫃為中心做成回遊動線。這大土間不僅具有功能性，更深入室內，創造出內外似有若無地相連的有趣生活。

前提條件
家庭成員：夫妻＋小孩1人
基地條件：基地面積304.48㎡
　　　　　建蔽率50%、容積率100%
　　　　　寧靜住宅區內的三角形基地。旁邊是公園，可眺望櫻花樹。
案主的主要要求
• 感覺寬敞的客廳
• 想借景鄰地的櫻花樹
• 自行車維修保養空間、榻榻米區等

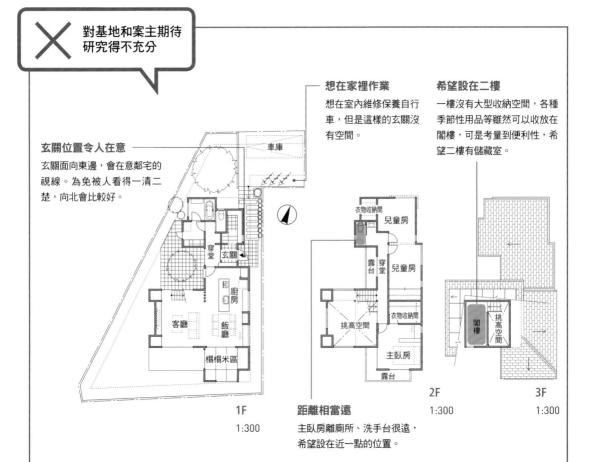

✕ 對基地和案主期待研究得不充分

想在家裡作業
想在室內維修保養自行車，但是這樣的玄關沒有空間。

希望設在二樓
一樓沒有大型收納空間，各種季節性用品等雖然可以收放在閣樓，可是考量到便利性，希望二樓有儲藏室。

玄關位置令人在意
玄關面向東邊，會在意鄰宅的視線。為免被人看得一清二楚，向北會比較好。

1F
1:300

距離相當遠
主臥房離廁所、洗手台很遠，希望設在近一點的位置。

2F
1:300

3F
1:300

充分利用基地的形狀，
為生活創造出餘裕

上：天花板挑高的LDK。正面看到位在樓梯旁的那扇門通往土間
右：做成土間的自由空間。在來自天窗的明亮光線下享受自行車的樂趣

室內維修場
打造一個大土間，好讓案主可以進行喜歡的自行車維修保養。從天窗採光，可以在明亮、舒服的地方埋首於興趣之中。

考慮到視線
考慮到東側鄰宅的視線，把玄關設在北側。而且北側也有公園，可以在玄關前與在公園玩耍的孩子說話。

二樓設儲藏室
把二樓兒童房隔成方方正正的，以方便擺放家具。捨棄閣樓，在同一個樓層設置儲藏室。

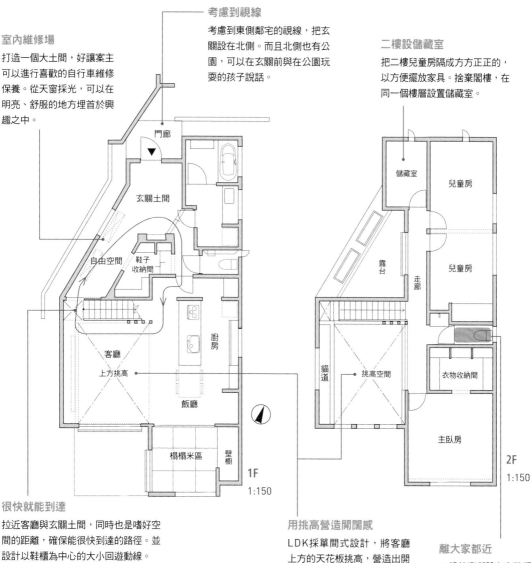

門廊

玄關土間

自由空間

鞋子收納間

客廳

上方挑高

廚房

飯廳

榻榻米區

壁櫥

1F
1:150

儲藏室

兒童房

兒童房

露台

走廊

貓道

挑高空間

衣物收納間

主臥房

2F
1:150

很快就能到達
拉近客廳與玄關土間，同時也是嗜好空間的距離，確保能很快到達的路徑。並設計以鞋櫃為中心的大小回遊動線。

用挑高營造開闊感
LDK採單間式設計，將客廳上方的天花板挑高，營造出開闊感，也消除單間式設計的單調乏味。

離大家都近
二樓的廁所設在主臥房和兒童房之間，從任何一個房間走去都很方便。

基地面積／304.48㎡
樓地板面積／136.19㎡
設計、施工／YAZAWA LUMBER
案名／川崎之家

068

集中用水區
提高家事
效率的
設計住宅

　　實現高氣密、高隔熱的舒適住居。玄關接連著水泥地、地磚及附設平台的中庭，成為設計上的一個重點。

　　一樓設LDK和用水區，房間集中設在二樓，閣樓是收納空間還有和室。用水區設在廚房的背面，廁所、盥洗室、更衣室、浴室呈直線排列，提高家事效率。廚房則擺在客廳、飯廳（公共空間）和用水區（私人空間）中間，誠然是關鍵位置。

> **前提條件**
> 家庭成員：夫妻＋小孩1人
> 基地條件：基地面積316.33㎡
> 　　　　　建蔽率60%、容積率100%
> 　　　　　寧靜住宅區內的方正土地。
> **案主的主要要求**
> • 希望有連到戶外的木平台或平台
> • 設計性也很重要。以天然素材作為裝飾重點
> • 重視功能性，讓每一天的生活都很舒適

 動線不自然，考慮不周

玄關會被看光光
玄關面向馬路大大敞開，內部會被路上的行人看得一清二楚。

不方便
上廁所要通過廚房旁邊，感覺客人會心生猶豫。廚房也會被看光光。

稍微再大一點
收納空間出乎意料地狹小。家裡的東西會隨著孩子長大而增加，希望盡可能大一點。

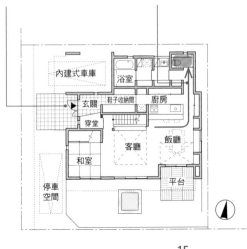

1F
1:300

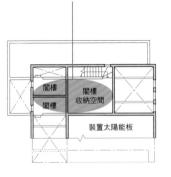

閣樓
1:300

2F
1:300

區分每層樓的功能，
生活更有效率

從廚房看飯廳和客廳

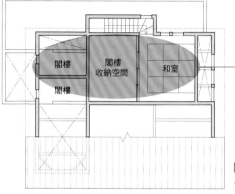

大容量

閣樓有收納區與並排的和室。
可作為親近的熟人來過夜時的
客房，也可當作收納場所。

閣樓
1:200

天花板挑高的大客廳與後方
的飯廳

2F
1:200

上廁所的動線

為了讓客人能輕鬆利用，把廁
所設在從玄關穿堂可以直接到
達的地方。同時也是從客廳、
飯廳的角度看不到的位置。

直通樓梯

樓梯配置在離玄關不遠處，形
成可以快速上二樓的動線。由
於位在房子中央，旁邊就是客
廳，有人上樓也能馬上知道。

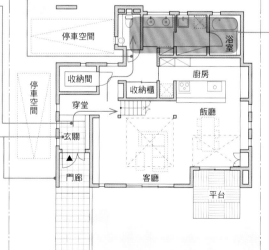

效率佳

廁所、盥洗室、更衣室、浴室
等用水區集中在廚房背面。
縮短家事動線，也壓低施做管
線工程的費用。

寬敞的入口通道

玄關轉個方向，不正對馬路，
做成能好整以暇地迎接客人的
入口通道。用翼牆遮住門廊，
避免玄關完全暴露在外面的視
線中。

基地面積／316.33㎡
樓地板面積／146.59㎡
設計、施工／高砂建設
案名／屋頂有平台的設計住宅

1F
1:200

069

考慮到功能並加以實現，二樓大LDK的家

「想打造獨一無二、理想的設計住宅」，由這樣的心願展開的住宅設計。從玄關可以看見因挑高空間而變得開闊、很有設計感的樓梯，成為這間房子的象徵。

二樓是採光充足的斜天花板和寬敞的LDK。墊高的榻榻米區下方確保了大量的收納空間。太陽能已是綠化事業、長期優良住宅、全電氣化住宅的標準配備，與屋頂合為一體設置。做成不僅設計優良，功能面也很講究的住宅。

前提條件
家庭成員：夫妻＋小孩1人
基地條件：基地面積140.17㎡
　　　　　建蔽率60%、容積率100%
　　　　　寧靜住宅區內日照良好的方正土地。

案主的主要要求
- 明亮、開闊的客廳
- 想要輕輕鬆鬆地曬衣服
- 隨時保持整潔的玄關
- 希望有榻榻米空間

× 一樓硬塞了太多功能

感覺很混雜
廁所門在樓梯口旁邊，動線交錯，感覺受拘束。

距離很遠的廚房
廚房位在北側的角落，從南側的玄關要穿過客廳、飯廳才能到。提著重物從輕鬆休憩的家人旁邊走過可能會很心酸。

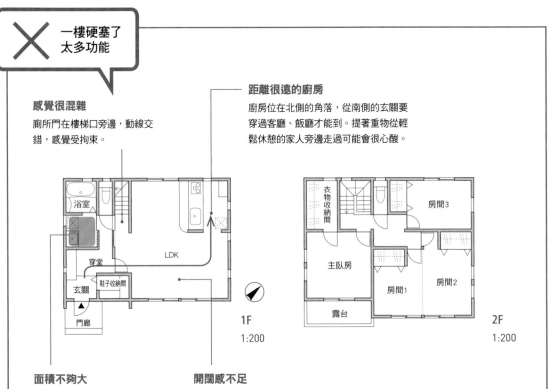

1F
1:200

2F
1:200

面積不夠大
盥洗室的面積只有所需的最小限度。要是把洗衣機擺這裡就沒有足夠的收納空間。而且也未考慮曬衣服的動線。

開闊感不足
案主希望是明亮、開闊的客廳，可是把LDK設在一樓，又不能確保足夠的天花板高度，開闊感有點不足。

用水區設一樓，確保寬敞的室內曬衣場和LDK

左：可在室內晾衣服的一樓寬敞盥洗更衣室
右：二樓LDK。南側矮窗吹進來的風會順著天花板的斜面穿過高窗出去

大家都可使用
在客廳、飯廳設置小小的讀書區，全家人皆可利用。在這裡用電腦查資料，或是孩子做功課等，可以有多樣的用途。

搭配挑高空間
連結上下樓層的樓梯間原本就是挑高空間，稍微擴大一點就能更增開闊感。

輕鬆小憩和收納
全家人可以隨意或躺或坐，輕鬆休息的墊高榻榻米區。榻榻米下方成為大容量的收納空間，讓整個二樓整齊清爽。

生活感不外露
最容易顯露出生活感的廚房採用獨立空間的設計，配置在客廳和飯廳旁。做成緊湊且方便使用，同時不讓生活感外露。

考慮到通風的窗戶配置
窗戶不只有設計感，更依節能的考量配置。南側的窗戶盡可能配置在下方，讓風可以從斜面天花板下的高窗排出去。

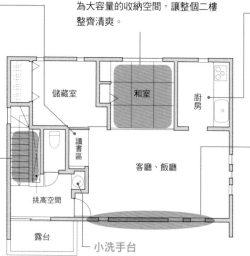

2F
1:150

儲藏室
和室
廚房
讀書區
客廳、飯廳
挑高空間
露台

小洗手台
在廁所外面設置洗手台。回家時會在一樓洗手，平時生活中在進入LDK前也可以使用。

完善的室內曬衣場
擴大盥洗更衣室，做成長條型空間。可以不管天氣在室內晾衣服。備有兩組晾衣桿，可以晾很多衣服。

玄關的雙動線
設計從鞋子收納間進入室內的動線，作為內玄關。家人可以從內玄關進出，使得玄關隨時保持清爽。客人突然來訪也不必慌張。

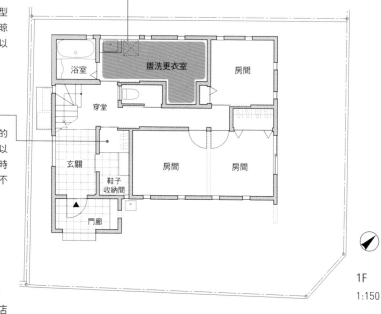

浴室
盥洗更衣室
房間
穿堂
玄關
房間
房間
鞋子收納間
門廊

1F
1:150

基地面積／140.17㎡
樓地板面積／114.89㎡
設計、施工／三陽工務店
案名／融合厚重感與被動式設計的
　　　設計師住宅

070

利用高低差打造能傳遞聲息的夾層讀書區

利用和道路的高低差，在車庫上方設置夾層的讀書區，創造與LDK非緊密連結的住居。

將二樓集中配置在人字型屋頂下，而讓一樓以ㄇ形平房的形式往視線受阻的方向延伸，並設置中庭木平台。因為做成ㄇ形平面，增加了玄關到LDK的距離，創造出超乎實際的寬闊感。此外，大大方方地從ㄇ形部分的前庭進入還可感受到基地的綠意和四周的街景。

前提條件
家庭成員：夫妻＋小孩2人＋狗
基地條件：基地面積158.68㎡
　　　　　建蔽率51.98%、容積率111.91%
　　　　　大磯寧靜的住宅區。形狀幾近方正，西側臨馬路，外牆後退。
案主的主要要求
• 日照、通風、生活動線皆良好的格局
• 利用夾層作讀書區
• 與客廳相連的木平台等等

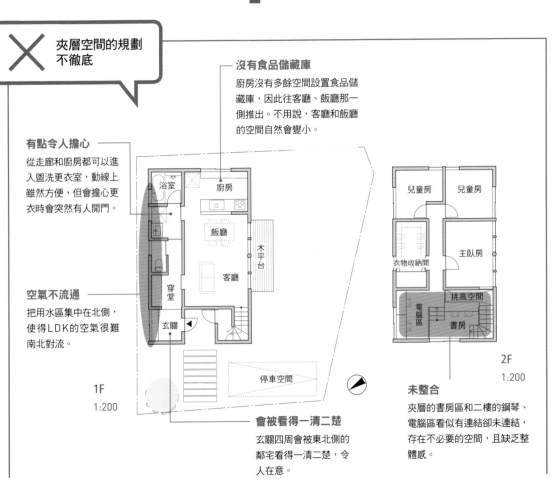

✕ 夾層空間的規劃不徹底

沒有食品儲藏庫
廚房沒有多餘空間設置食品儲藏庫，因此往客廳、飯廳那一側推出。不用說，客廳和飯廳的空間自然會變小。

有點令人擔心
從走廊和廚房都可以進入盥洗更衣室，動線上雖然方便，但會擔心更衣時會突然有人開門。

空氣不流通
把排水區集中在北側，使得LDK的空氣很難南北對流。

1F
1:200

（圖中標示：浴室、廚房、飯廳、客廳、木平台、穿堂、玄關、停車空間）

會被看得一清二楚
玄關四周會被東北側的鄰宅看得一清二楚，令人在意。

2F
1:200

（圖中標示：兒童房、兒童房、主臥房、衣物收納間、電腦區、挑高空間、書房）

未整合
夾層的書房區和二樓的鋼琴、電腦區看似有連結卻未連結，存在不必要的空間，且缺乏整體感。

利用コ形規劃
製造長動線，
在其延長線上
打造夾層空間

從廚房看出去。後方可見夾層的讀書區，在那裡可以一邊念書、做事，一邊感知LDK的動靜

衣物收納間

主臥房

兒童房

閣樓

挑高空間

2F
1:150

內玄關設收納空間
玄關設有鞋櫃，併設可直接進入室內的內玄關。變成可以從內玄關穿過家人共用的鞋櫃進入室內的動線。家人共用的鞋櫃也離盥洗更衣室很近，效率佳。

確保隱私
採用コ形規劃使中庭得以保有隱私，避開南側鄰宅的視線。

廚房

浴室

飯廳

壁櫥

鞋子收納間

玄關

木平台

客廳

1F
1:150

聲息相通
把二樓上方做成夾層讀書區，藉以連通LDK，可以隨時感覺到家人的動靜。由於保留較大面積做讀書區，因此可以放置電腦和鋼琴。

讀書區

鋼琴、電腦區

停車空間

穿過綠地的入口通道
利用整片基地、從植栽間穿過的入口通道。讓人在進入室內之前便開始感到期待。

基地面積／158.68㎡
樓地板面積／94.43㎡
設計、施工／加賀妻工務店
案名／東小磯之家

071

將效率高的家事動線和充實的LDK集中在二樓

四周散布櫻花林道和孩童嬉戲的公園，地理環境綠意盎然。只是南側鄰宅的基地較高，一樓的日照不能說是良好。

因此將家人最常聚集的LDK配置在二樓。設置連接廚房的飯桌，雖然小但確保了餐廳的空間。並進一步在飯廳旁的凸窗加設長椅，營造與客廳迥然不同的關係。以廚房為中心的家事動線的效率提升也是重點之一。

前提條件
家庭成員：夫妻＋小孩2人
基地條件：基地面積110.07㎡
　　　　　建蔽率60％、容積率200％
　　　　　寧靜住宅區內的轉角地。散布櫻花林道和公園，綠意豐富的環境。
案主的主要要求
• 希望能善加利用周邊環境豐富的綠意
• 日照良好的空間
• 效率高的家事動線

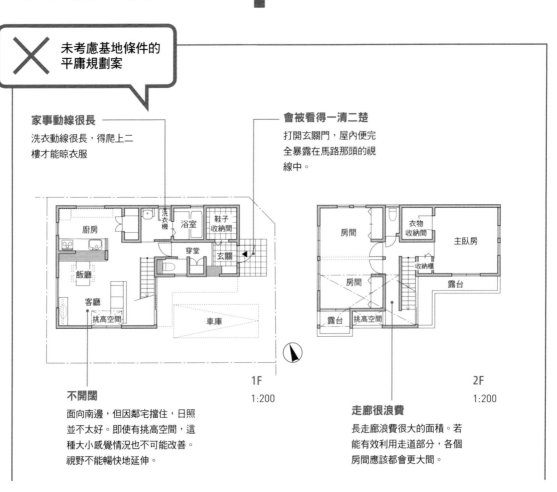

✕ 未考慮基地條件的平庸規劃案

家事動線很長
洗衣動線很長，得爬上二樓才能晾衣服

會被看得一清二楚
打開玄關門，屋內便完全暴露在馬路那頭的視線中。

1F
1:200

2F
1:200

不開闊
面向南邊，但因鄰宅擋住，日照並不太好。即使有挑高空間，這種大小感覺情況也不可能改善。視野不能暢快地延伸。

走廊很浪費
長走廊浪費很大的面積。若能有效利用走道部分，各個房間應該都會更大間。

讓舒暢的空間分散四處，愉快的生活

左：二樓飯廳與凸窗前的長椅
右：玄關與書架。使用一整面牆做書架。相反側是玄關收納空間

廚房旁的洗衣區

考量家事動線，把洗衣機放在廚房邊。離堆積待洗衣物的盥洗室和曬衣服的露台也很近，一連串洗衣作業變得很順暢。此外，還形成圍繞洗衣機的回遊動線，全面改善家事效率。

凸窗的長椅

裝設在凸窗邊的長椅。重視與飯桌之間的距離感，營造出既圍繞著飯桌又與客廳相連的不同的關係。

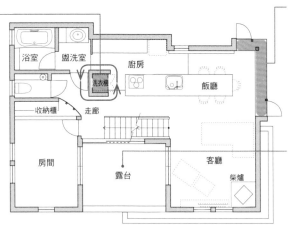

浴室　盥洗室　廚房　飯廳　洗衣機　收納櫃　走廊　房間　露台　客廳　柴爐

2F
1:150

可享受戶外生活

二樓露台採用中庭形式，可作「外部房間」利用。來自露台的陽光會穿透通往閣樓鏤空的樓梯，照進廚房。

展示型書架

玄關也設置書架，讓客人也清楚熱愛閱讀的主人的稟性。離工作室又近，也是放置參考書籍的書庫。

衣物收納間　玄關　壁櫥　和室　主臥房　走廊　工作室　車庫

客房的布置

一樓和室是招待客人的空間。設有壁龕，可將愛好書法的母親所送的掛軸掛起來。

1F
1:150

基地面積／110.07㎡
樓地板面積／129.22㎡
設計、施工／DAISHU
案名／與綠意豐富的環境調諧的家

072

以寧靜的庭院和有效率的動線打造極簡且舒適的家

昭和五十年前後開發的分塊出售住宅區內、幾近正方形的基地。前面是往西側斜下的道路。案主夫妻和工務店的代表畢業於同一所大學的建築系，由案主主導基本設計。建築物集中配置，儘管臨接道路依然擁有寧靜祥和的前庭和客廳。單純的動線上多處配備固定式家具，設置足夠的收納空間和舒適的容身之所。做成可以將細部收得有條不紊而不會太勉強的宜居空間。

前提條件
家庭成員：夫妻＋小孩2人
基地條件：基地面積168.39㎡
　　　　　建蔽率50%、容積率80%
　　　　　周圍有同樣規模的住宅、基地的寧靜住宅
　　　　　區內幾近正方形的基地。
案主的主要要求
• 感覺得到家人動靜的格局、單純的家事動線
• 納入外部環境，希望感受得到風和光線
• 固定式家具、收納量大等

✗ 只是把空間大略分配。動線的效率也差

被切斷的家事動線
廚房到用水區的動線被樓梯切斷。
此外，廁所和更衣室的入口在玄關旁，從走廊可以看得一清二楚。

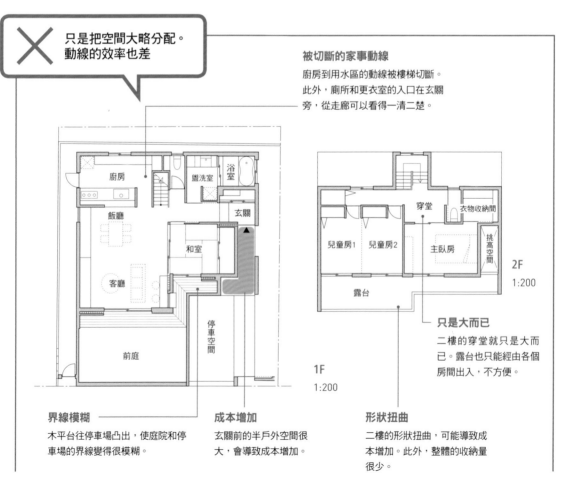

界線模糊
木平台往停車場凸出，使庭院和停車場的界線變得很模糊。

成本增加
玄關前的半戶外空間很大，會導致成本增加。

形狀扭曲
二樓的形狀扭曲，可能導致成本增加。此外，整體的收納量很少。

只是大而已
二樓的穿堂就只是大而已。露台也只能經由各個房間出入，不方便。

用水區排成一直線，並連通前庭和客廳

攝影：中村大輔
（三幀皆是）

左：二樓書房區
右：一樓客廳與和室。和四周環繞較高圍欄
的私人庭院連成一體

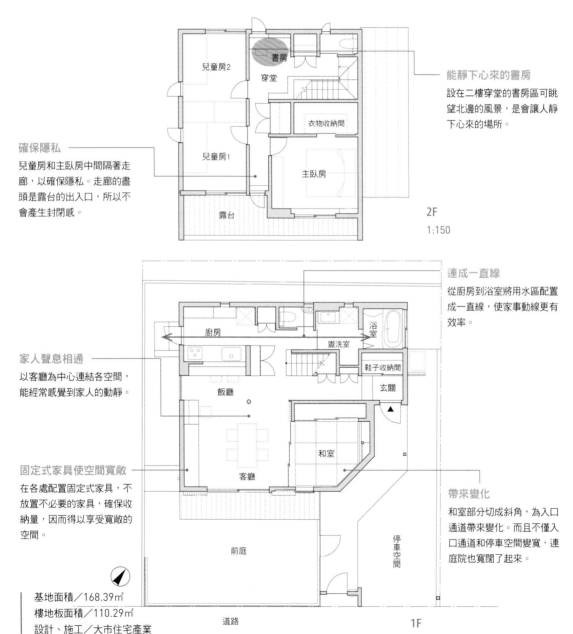

能靜下心來的書房
設在二樓穿堂的書房區可眺望北邊的風景，是會讓人靜下心來的場所。

確保隱私
兒童房和主臥房中間隔著走廊，以確保隱私。走廊的盡頭是露台的出入口，所以不會產生封閉感。

2F
1:150

連成一直線
從廚房到浴室將用水區配置成一直線，使家事動線更有效率。

家人聲息相通
以客廳為中心連結各空間，能經常感覺到家人的動靜。

固定式家具使空間寬敞
在各處配置固定式家具，不放置不必要的家具，確保收納量，因而得以享受寬敞的空間。

帶來變化
和室部分切成斜角，為入口通道帶來變化。而且不僅入口通道和停車空間變寬，連庭院也寬闊了起來。

基地面積／168.39㎡
樓地板面積／110.29㎡
設計、施工／大市住宅產業
案名／川西之家

1F
1:150

平面圖內標示：兒童房2、書房、穿堂、衣物收納間、兒童房1、主臥房、露台、廚房、盥洗室、浴室、鞋子收納間、玄關、飯廳、和室、客廳、前庭、停車空間、道路

073

想清楚用途，打造使用方便、溫暖而且具開闊感的家

大量使用國產木材，長期優良住宅的前導型模範。

在空間配置上雖採用一樓作LDK和用水區、二樓作房間的傳統結構，但具體設定各個空間的使用方式，排除浪費。提升生活效率的規劃，同時將省下的部分全用來打造寬闊的空間。尤其是一、二樓都預留了寬裕的空間作用水區，體貼四口之家的生活。成為洋溢木頭的溫暖和開闊感的家。

前提條件
家庭成員：夫妻＋小孩2人
基地條件：基地面積184.00㎡
　　　　　建蔽率50%、容積率100%
　　　　　寧靜住宅區內分塊出售的土地。附近有附設商業設施的湖泊。

案主的主要要求
• 有如山上小屋的家
• 細部堅持手作
• 希望使用天然素材

 缺乏情趣，配置失衡且不好利用

沒有意義的空間
用來儲藏食材等的空間，但未設想要儲藏什麼、怎麼利用。再小一點應該也能發揮同樣的功用。

用水空間分散各處
更衣室空間狹小，也沒有設置洗衣區。而且將浴室、廁所、洗手台分開設置，耗費成本。

意義不明
和一樓一樣，未事先設想好用途。而且，廁所的入口設在這裡真的好嗎？

1F
1:200

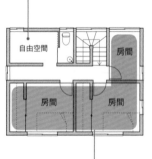

2F
1:200

太寬敞
擺放家具等可能會改善失衡的情況，但考慮到好用與否，便覺得需要在格局上再多下點工夫。

過大
空間大並非不好，可是一走進玄關就會把LDK看得一清二楚，就算只是在土間與客人交談，其他家人也無法放輕鬆。

誰要用的房間？
有規劃好哪個房間要如何利用嗎？兩間兒童房，一間主臥房，但也要為將來著想，具體設想要如何利用。各個房間雖然都設有窗戶，不過隔間牆一多，通風就會變差。

宛如山上小屋，開闊、寬敞的空間

左：一樓LDK。左前方是玄關
右：建築物正面外觀

寬敞的廁所
整體面積擴大，因此可以分別設置廁所和洗手台，不再是感覺拘束的空間。

各自的房間
把建築物拓寬，得以確保有兩間兒童房和自由空間，以及寬敞的主臥房。

依季節更換
所有衣物全收放在這裡，換季也輕鬆。

曬被子也簡單
在日照良好的地方設置露台作為曬衣場。兒童房的窗戶則設計成可以曬被子。

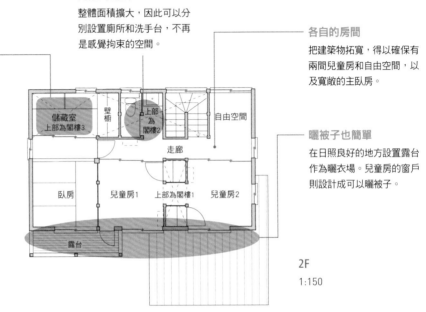

2F
1:150

談話機會也增多
做成吧檯式廚房會讓家人間的談話變多。既可面向家人做菜，孩子們也會自然而然地開始幫忙。

寬敞的用水區
把浴室、盥洗室、廁所集中在一處，也比較容易從窗戶排出濕氣，變得清爽還可抑制成本。

若即若離
任何人都可使用的讀書區。雖然與LDK連通，但位在樓梯再過去、稍顯隱密的地方，可以專心作業同時感覺到家人的動靜。

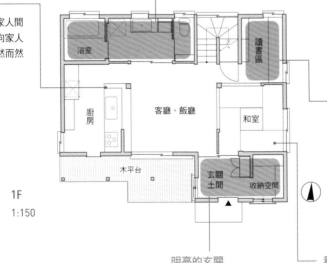

1F
1:150

基地面積／184.00㎡
樓地板面積／105.75㎡
設計、施工／千葉工務店
案名／山上小屋之家

明亮的玄關
玄關土間設置窗戶，因而變得明亮又通風。並設置較大的收納空間，整體更清爽。

和室地板下的收納空間
地板墊高的和室成為稍微不同於LDK的休息場所。既可當作客房，榻榻米下方的大收納空間也很有魅力。

074

講究素材和功能，有著斜天花板的大空間之家

從馬路看以為是平房的大屋頂住宅。

一樓的LDK同時也是房子的中心，與地板墊高的和室相連，面積約21.5張榻榻米大，是順著斜天花板往上挑高的大空間。讀書區和鋼琴並排擺在可俯看LDK的二樓穿堂，從一樓走上二樓彈琴感覺就像是登台表演一般。地下室和閣樓也設置收納空間，收納量綽綽有餘。並考慮到家事動線，成為貼心的原木住家。

> **前提條件**
> 家庭成員：3人
> 基地條件：基地面積180.00㎡
> 　　　　　建蔽率60%、容積率150%
> 　　　　　寧靜住宅區內的長方形基地。東側臨接道路，路的對面有醫院。
> **案主的主要要求**
> • 孩子會自然而自然收拾整齊的家
> • 方便做家事的家、很多收納空間
> • 喜歡與外面有連結的感覺

✕ 不符合案主期待的生活方式

半大不小
後方規劃了可以曬衣服的院子，但木平台那一側和靠馬路側的前庭都是半大不小的空間。

希望房間裡也有
設置大型儲藏室固然不錯，但希望每個房間也有適量的收納空間。

有點孤單
廚房做成能眺望整個家的形式，而不是面向牆壁，比較不會陷入孤立狀態。

不能連通
LDK與和室被隔開。連起來利用更大的空間不是更好嗎？

希望縱向停放
案主希望是直式的停車位。可以的話，還希望下雨天從停車場進入家裡不會淋雨。

1F 1:200

主臥房　浴室　廚房　儲藏室　壁櫥　飯廳　和室　客廳　木平台　玄關　鞋子收納間　停車空間

2F 1:200

兒童房　收納櫃　收納櫃　兒童房　儲藏室　挑高空間

仔細回應要求，充實功能性

左：天花板挑高的客廳。爬上樓梯到二樓，穿堂有讀書區和鋼琴

右：從廚房看客廳。拉門的另一側是地板墊高兼作客房用的和室

走上台彈琴

為了讓孩子自動想要彈琴，面向挑高的天花板設置像舞台般的平台，擺放鋼琴。

利用閣樓空間

利用閣樓空間作儲藏室。面挑高的天花板側有窗戶，連通LDK。

2F
1:150

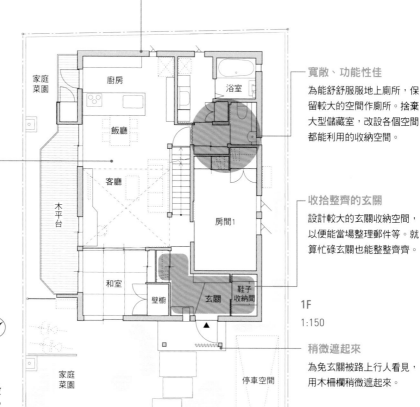

靠向西側

房子盡量靠裡面（西北側）配置，以擴大南側的庭院。不但確保停放汽車和腳踏車的空間，還可以作菜園。

寬敞、功能性佳

為能舒服服地上廁所，保留較大的空間作廁所。捨棄大型儲藏室，改設各個空間都能利用的收納空間。

作開放式利用

廚房、飯廳、客廳到和室的21.5張榻榻米大空間是平時生活的場所。和室是有別於沙發的休息空間。設在客廳旁的樓梯能隨時傳遞家人的動靜。

收拾整齊的玄關

設計較大的玄關收納空間，以便能當場整理郵件等。就算忙碌玄關也能整整齊齊。

1F
1:150

基地面積／180.00㎡
樓地板面積／116.62㎡
設計、施工／オザキ建設
案名／平房風的大器之家

稍微遮起來

為免玄關被路上行人看見，用木柵欄稍微遮起來。

基地條件　可變性　採光　人與人的交流　借景　動線　訪客　隱私　收納　特殊房間　多世代　出租

153

075

用心為溫熱環境設想，讓全家暖洋洋的自然派住宅

案主在建築公司負責設備方面的工作，對溫熱環境十分講究。努力投入氣密隔熱工程，採用地板下空調系統。

配置在房子中央的鋼骨樓梯令人印象深刻，二樓鏤空式走廊成為空間的重點。鋪設榻榻米的客廳可以用卷簾隔開，應狀況改變使用方式。內裝材料貼上和紙，營造出柔和的氣氛。

前提條件
家庭成員：夫妻＋小孩2人
基地條件：基地面積144.92㎡
　　　　　建蔽率50%、容積率80%
　　　　　寧靜住宅區內形狀方正的基地。基地內有
　　　　　約60cm的高低差。
案主的主要要求
• 改善溫熱環境
• 使用天然素材
• 全家人共用的讀書區
• 大容量的玄關收納
• 客廳可以利用的木平台

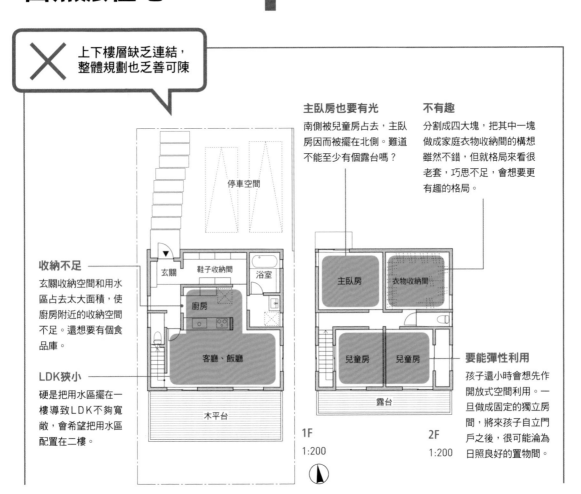

✕ 上下樓層缺乏連結，整體規劃也乏善可陳

主臥房也要有光
南側被兒童房占去，主臥房因而被擺在北側。難道不能至少有個露台嗎？

不有趣
分割成四大塊，把其中一塊做成家庭衣物收納間的構想雖然不錯，但就格局來看很老套，巧思不足，會想要更有趣的格局。

收納不足
玄關收納空間和用水區占去太大面積，使廚房附近的收納空間不足。還想要有個食品庫。

LDK狹小
硬是把用水區擺在一樓導致LDK不夠寬敞，會希望把用水區配置在二樓。

要能彈性利用
孩子還小時會想先作開放式空間利用。一旦做成固定的獨立房間，將來孩子自立門戶之後，很可能淪為日照良好的置物間。

停車空間
玄關　鞋子收納間　浴室
廚房
客廳、飯廳
木平台
1F
1:200

主臥房　衣物收納間
兒童房　兒童房
露台
2F
1:200

利用鏤空式走廊
把房子中央
變成大挑高空間

左：鋪榻榻米的客廳。右邊的
門是可從中穿過的衣物收納間
入口
右：越過樓梯看廚房和飯廳。
可以看出二樓走廊做成鏤空式

鏤空式走廊

將走道做成鏤空式，確保上下
樓層的採光和通氣性。並利用
地板下空調系統讓整間屋子保
持溫暖。鏤空式走廊同時也是
一樓天花板的亮點。

變得有彈性

預留很大的面積作兒童房，用
家具區隔開。將來孩子們長大
需要獨立房間時也可以應付。

二樓平面圖標示：
浴室
兒童房1
衣物收納間2
兒童房2
主臥房
露台

2F
1:150

可從中穿過

可從中穿過的衣物間還可收放
被褥。父母來住時，取出收在
這裡的被褥，立刻布置好榻榻
米客房。而且從客房去廁所可
以不經過飯廳、廚房。

一體化的玄關

推開拉門，東西向很長的土間
玄關便與LDK連成一體。拉
門可收進牆壁，還在土間設置
鞋櫃、收納間和長椅，可有多
種方式享受這個空間。

一樓平面圖標示：
停車空間
門廊
鞋子收納間
玄關土間
收納間
食品儲藏庫
穿堂
衣物收納間1
廚房
榻榻米客廳
飯廳
讀書區
木平台

可變身客房的客廳

榻榻米客廳的邊界上設有隱藏
式卷簾，放下卷簾便成了獨立
房間，可當作客房利用。

家人一起共用

在廚房旁邊設置案主要求的讀
書區。完工當時孩子們年紀還
小，感覺以後會有更多派上用
場的機會，如寫功課等。

基地面積／144.92㎡
樓地板面積／111.37㎡
設計、施工／桃山建設
案名／梅丘之家

1F
1:150

076

考量將來的可變性，盡可能設計得很簡單

計劃做成一棟可在公園、綠道等綠意豐富的環境中與家中年輕一輩共同成長的住宅。

基地內有寬闊的留白，是為了可以慢慢享受園藝的樂趣；極簡的格局，則是以便今後能配合孩子的成長做變動。規劃中時時思考現在需要什麼，然後選擇能夠肩負那樣功能的裝置。

前提條件
家庭成員：夫妻＋小孩1人
基地條件：基地面積192.14㎡
　　　　　建蔽率40%、容積率80%
　　　　　綠意豐富的住宅內的矩形基地。南側有公園，公園內種有櫻花樹。無論日照、通風皆良好。
案主的主要要求
• 可以客製化的家
• 想要有寬敞的工作間
• 要能眺望公園的櫻花

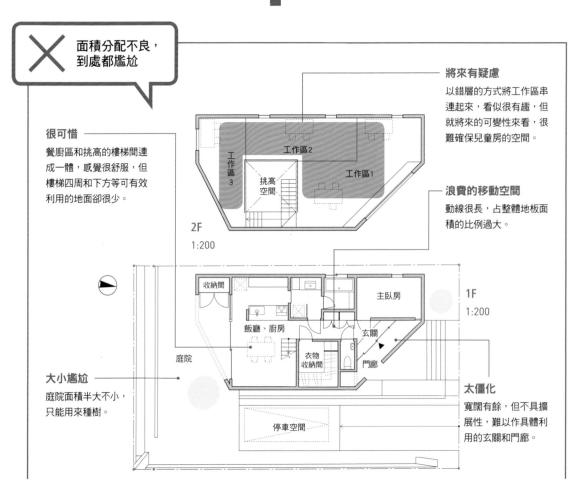

✕ 面積分配不良，到處都尷尬

很可惜
餐廚區和挑高的樓梯間連成一體，感覺很舒服，但樓梯四周和下方等可有效利用的地面卻很少。

將來有疑慮
以錯層的方式將工作區串連起來，看似很有趣，但就將來的可變性來看，很難確保兒童房的空間。

浪費的移動空間
動線很長，占整體地板面積的比例過大。

2F
1:200

工作區3
工作區2
工作區1
挑高空間

收納間
飯廳、廚房
衣物收納間
庭院
主臥房
玄關
門廊

1F
1:200

停車空間

大小尷尬
庭院面積半大不小，只能用來種樹。

太僵化
寬闊有餘，但不具擴展性，難以作具體利用的玄關和門廊。

構成極簡，有各式各樣的留白

攝影：富野博則
（三幀皆是）

左：從二樓的工作區俯看樓梯
右：從二樓的工作區看LDK。中央看到的白色箱子是樓梯的圍牆。設在二樓靠近中央的位置，同時發揮感覺上的區隔作用，將LDK與工作區分開來

自由度很高
當作一個連通的大空間，成為自由度很高的家庭空間。

可作多用途利用
以留白方式在南側（靠公園側）預留了庭院的空間，可當作訪客停車場或孩子的遊戲場利用。

以台階作區隔
讓地板高出LDK，設置台階，這樣就能讓人意識到這裡有別於LDK。

2F
1:150

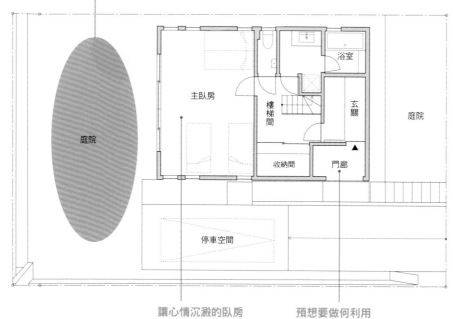

1F
1:150

讓心情沉澱的臥房
把一樓設定為私人空間，設置獨立、沉靜的主臥房。

預想要做何利用
空間規劃得很寬鬆，可以設置宅配箱和大型鞋櫃。

基地面積／192.14㎡
樓地板面積／100.46㎡
設計／篠崎弘之建築設計事務所
案名／HOUSE O

077

粗大的欅木梁柱成為象徵，被木頭包圍的四口之家

與父母家比鄰而居，感情融洽，希望能享受一同在庭院烤肉等樂趣的四口之家。

寬大的樓梯間連通一樓LDK和二樓的房間，在LDK的南北兩側分別設置木平台，可有不同的享受方式。LDK裡6寸粗的欅木角柱，二樓穿堂用欅木圓木做成的大梁，還有無垢材的地板、廚房前的腰牆、客廳旁的木造樓梯等，對用水區和收納的內裝也十分講究，成為全家都能快樂生活的居所。

前提條件
家庭成員：夫妻＋小孩2人
基地條件：基地面積429.78㎡
　　　　　建蔽率60%、容積率200%
　　　　　位在寧靜住宅區內的長方形基地。西側臨接道路。

案主的主要要求
・想在與雙親共享的庭院和家人、朋友同樂
・較大的腳踏車停車場、可享受嗜好的空間
・木平台和可以完全敞開的窗戶

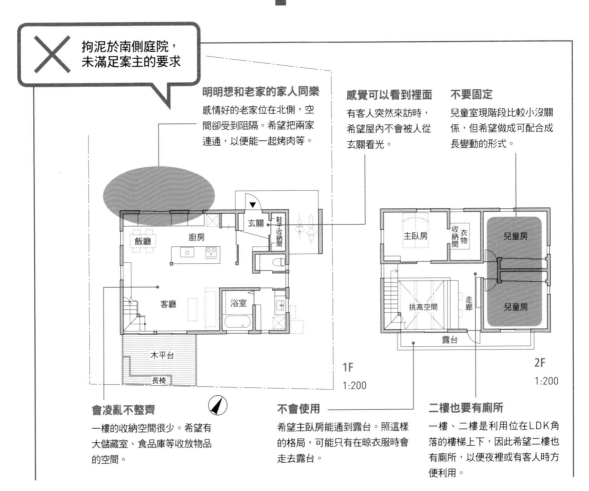

✕ 拘泥於南側庭院，未滿足案主的要求

明明想和老家的家人同樂
感情好的老家位在北側，空間卻受到阻隔。希望把兩家連通，以便能一起烤肉等。

感覺可以看到裡面
有客人突然來訪時，希望屋內不會被人從玄關看光。

不要固定
兒童室現階段比較小沒關係，但希望做成可配合成長變動的形式。

1F 1:200

2F 1:200

會凌亂不整齊
一樓的收納空間很少。希望有大儲藏室、食品庫等收放物品的空間。

不會使用
希望主臥房能通到露台。照這樣的格局，可能只有在晾衣服時會走去露台。

二樓也要有廁所
一樓、二樓是利用位在LDK角落的樓梯上下，因此希望二樓也有廁所，以便夜裡或有客人時方便利用。

左：建築物北側的外觀
右：二樓的讀書區。面向挑高空間，是明亮又開放的場所

南北側皆設木平台，愉快地區分利用

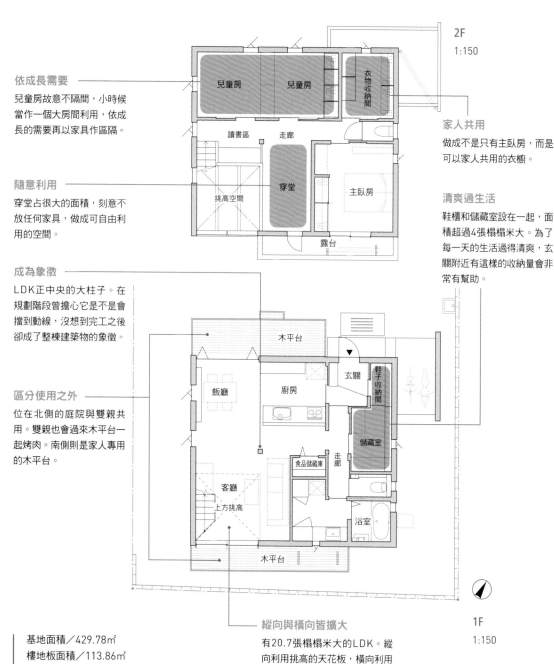

2F 1:150

依成長需要
兒童房故意不隔間，小時候當作一個大房間利用，依成長的需要再以家具作區隔。

兒童房　兒童房　衣物收納間

讀書區　走廊

隨意利用
穿堂占很大的面積，刻意不放任何家具，做成可自由利用的空間。

穿堂　主臥房

挑高空間

露台

家人共用
做成不是只有主臥房，而是可以家人共用的衣櫥。

清爽過生活
鞋櫃和儲藏室設在一起，面積超過4張榻榻米大。為了每一天的生活過得清爽，玄關附近有這樣的收納量會非常有幫助。

成為象徵
LDK正中央的大柱子。在規劃階段曾擔心它是不是會擋到動線，沒想到完工之後卻成了整棟建築物的象徵。

木平台

玄關　鞋子收納間

飯廳　廚房

區分使用之外
位在北側的庭院與雙親共用。雙親也會過來木平台一起烤肉。南側則是家人專用的木平台。

儲藏室

食品儲藏庫　走廊

客廳

上方挑高

浴室

木平台

1F 1:150

縱向與橫向皆擴大
有20.7張榻榻米大的LDK。縱向利用挑高的天花板，橫向利用南北兩側的木平台，使空間擴大，籠罩著巨大的開闊感。

基地面積／429.78㎡
樓地板面積／113.86㎡
設計、施工／オザキ建設
案名／享受家庭生活的欅木之家

O78

充實
現在的生活
及未來的夢想，
稠密區的家

大量使用天然石材，時尚卻厚重的氛圍。從外面無法窺探內部情況，將來開辦托兒所也不用擔心。即使孩子增加或要接待國際學生也可以應付。

內部以大挑高空間為中心，使房子全體形成一個大空間。客廳面向中庭，中庭設有高牆阻斷外面的視線，可以放心地敞開窗戶。此外，在二樓露台晾衣服，裡面、外面都看不到，不會破壞氣氛。

前提條件
家庭成員：夫妻＋小孩3人＋金魚、倉鼠等
基地條件：基地面積191.00㎡
　　　　　建蔽率60%、容積率300%
　　　　　建有眾多出租住宅的住宅稠密區轉角、形狀方正。前面道路的交通流量很少。
案主的主要要求
• 希望家人能一心同體地在一個大空間裡共度時光
• 將來想辦托兒所
• 大家一起愉快共度的LDK和可以獨處的書房

過度因應未來
使現在的生活受拘束

洗衣機會很吵
洗衣機就在臥房旁邊，可能會妨礙睡眠。半夜要泡澡也會有顧慮。

太小
想要全家人一起享受做菜的樂趣，但廚房的空間只能容下一到兩人。

玄關直通兒童房
從玄關可以直接進入兒童房。親子間的交談會減少，甚至連孩子出門了都不知道。

沒有意義
案主雖然希望將來能開辦托兒所，但也不需要設置專用辦公室，因為平時會變成無用的空間。

1F
1:250

離玄關很遠
購物完回到家，必須提著重物爬上樓梯才能到廚房。希望回到家後就能馬上放下東西。

2F
1:250

太少
這樣的收納量並不夠。無法很快地找到夫妻各自的衣服。

不會太窄嗎？
床邊的空間看起來不可能放邊桌之類的。只能放比較小的床。

靠馬路側的外觀。
四周圍繞著高牆，
無法窺探內部情況

著眼未來，同時以目前的生活為重

可繞一圈的衣櫥
兩頭都有出入口，可以從中穿過的衣櫥。並設置家事區，可以燙衣服之類的。

天花板挑高連通空間
除了提高LDK的開闊感，也能感知二樓孩子們的動靜，讓人放心。

清靜的書房
與兒童房之間隔著挑高空間，與臥房也隔著兩扇門，因而成為寧靜的空間。夜裡也不必擔心吵到家人。

大家一起念書
可以並排一起作業的讀書區。只有睡覺、想要獨處時才會使用房間，姊妹間的交流互動也增多。

寬敞的露台
有高牆保護的露台。不用擔心晾衣服被外面看到，作為孩子們的玩耍空間也夠寬敞。

2F 1:150

天井
讀書區
兒童房1
兒童房2
兒童房3
兒童房4
挑高空間
挑高空間
書房
主臥房
衣物收納間、家事區
露台

爽快的收納空間
收納能力強大的儲藏室，讓人不會感覺它其實位在LDK的一個角落。客人突然來訪也能馬上把凌亂的物品藏進去，讓人看到整潔清爽的客廳。

寬敞的盥洗室
盥洗室與洗衣和更衣空間分離，清爽漂亮。家中有四位女性用起來也很舒暢。

經由客廳
從玄關經由LDK前往二樓的動線。孩子放學等的情況回到家，就不會沒跟任何人打照面地直接進出房間。

1F 1:150

上方挑高
浴室
儲藏室
LDK
上方挑高
穿堂
中庭
鞋子收納間
托育室兼客房
玄關
玄關
停車空間

受到保護的中庭
靠馬路側築起高牆，完全不受外面的視線干擾。將來開辦托兒所時也能讓孩子們放心地玩耍。

可繞一圈的廚房
即使是大家庭也能一起享受做菜樂趣的中島式廚房。在設計上感覺很高檔，不過與客廳、飯廳搭配得自然。

基地面積／191.00㎡
樓地板面積／186.32㎡
設計、施工／KAJA DESIGN
案名／剪下一片天空的家

161

有考慮到
未來鋼琴教室
動線的格局

基於將來想要開設鋼琴教室而設置隔音室的住宅。為了要具有教室的功能，設計師還為廁所、洗手間的配置多方設想。在玄關旁設置較為寬敞的穿堂，因而得以讓前往居住區域、客房和教室的動線各自分開。另外，在LDK方面，刻意在客廳和廚房之間豎立一小面牆壁，以避免廚房內部被人看見。這樣的小巧思讓客廳在感覺上與餐廚區切割開來，成為更加輕鬆自在的空間。

前提條件
家庭成員：夫妻
基地條件：基地面積211.08㎡
　　　　　建蔽率60%、容積率200%
　　　　　離大馬路有點距離的住宅區內的長方形基地。西、北兩側臨接道路。
案主的主要要求
• 可以開設鋼琴教室的隔音室
• 設置木平台、感覺開闊的空間
• 要有書房，小小一間也沒關係

✕ 只是滿足條件，
看不到實際的生活功能

感覺很難利用
像是LDK額外附贈的和室。只有北側有窗戶，感覺封閉，很可能不會被好好利用。

很裡面……
位在走廊深處，比主臥房還要再裡面的書房。有種被趕到角落裡的感覺。

不太會走進去
看起來像是有個大衣櫥，卻因為形狀不良，不太有收納能力。

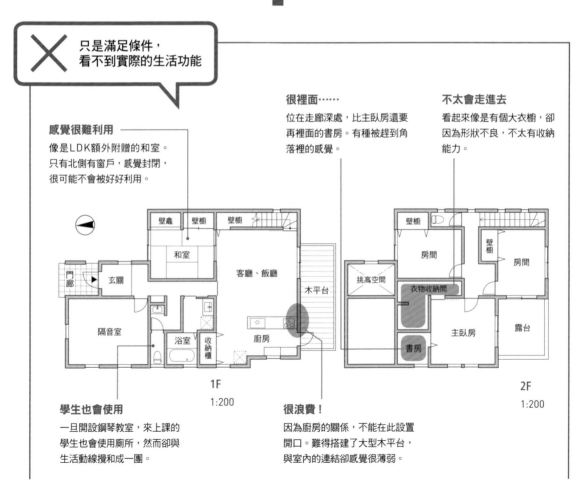

1F
1:200

2F
1:200

學生也會使用
一旦開設鋼琴教室，來上課的學生也會使用廁所，然而卻與生活動線攪和成一團。

很浪費！
因為廚房的關係，不能在此設置開口。難得搭建了大型木平台，與室內的連結卻感覺很薄弱。

一樓LDK。在廚房和客廳之間豎立一小面牆壁，使空間雖連貫但有區隔，因而能各自自在

攝影：久保倉千明（兩幀皆是）

預先設定使用方式，放進巧思讓人能愉快地利用

2F
1:150

收納能力超高！
衣櫥占了很大的面積，又另外在衣櫥後方設置閣樓收納空間。可以存放季節性用品等。

不會太孤立
位在二樓中央，距離其他房間很近，感覺上不會太孤立。

寬敞的露台
寬敞的露台可以從主臥房和房間進出，是很好利用的空間。並有足夠的空間晾衣服。

教室的動線
應「將來想開設鋼琴教室」的要求，在玄關旁設置隔音室。並考慮到要避免與生活動線交錯，為學生（包含如廁在內）設計簡潔的動線。

客房的動線
可與客廳合併利用的和室也可當作客房。並設計了不必經過私人空間的動線。

考慮到通風
在緊臨鄰宅的情況下很難設置大扇窗戶，但有考慮到通風，設置狹型窗戶。使整個房間空氣流通。

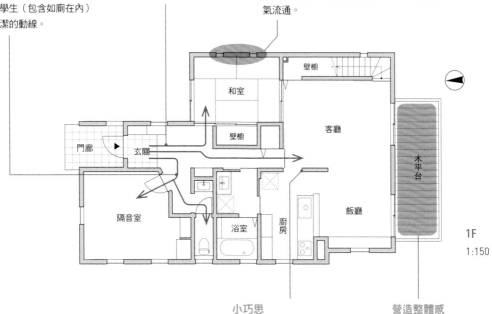

1F
1:150

基地面積／211.08㎡
樓地板面積／144.50㎡
設計、施工／HAGIホーム・プロデュース
案名／發揮基地特性分區化的家

小巧思
刻意豎立一道牆壁，當客人來訪或家人在休息時，可以在廚房工作而不會造成妨礙。由於在空間上是相連的，因此可以各自做自己的事，同時感覺到彼此的動靜。

營造整體感
以寬敞的木平台營造出LDK的開闊感。通往木平台的落地窗前方也是上二樓的動線，讓移動間可以看到不同的風景。

163

在同一塊基地上規劃了三棟住宅，此案是設計給父親獨居的小巧住家。面向西北側的女兒家敞開的木製門、配置成L形的緣廊和超過1m的屋簷是此案的特色。

從臥房到用水區的動線可使用輪椅之類的工具。最後的裝修也很講究，如使用故鄉出產的梧桐木地板，和因工作結緣的緬甸所產的柚木材等。裝設基本儲熱式電熱器，成為保持恆溫、舒適的家。

與子女家相鄰
但保有
適度距離的
父親的家

前提條件
家庭成員：1人
基地條件：基地面積154.20㎡
　　　　　建蔽率40%、容積率60%
　　　　　寧靜住宅區內180坪大的土地。基地內有3.9m的高低差，計劃在這塊地上建造三棟家人居住的房子。
案主的主要要求
• 可停放五台車的停車場（含子女的家庭在內）
• 希望講究素材
• 保持恆溫、舒適的室內空間

✕ 未能處理好
與子女家的關係

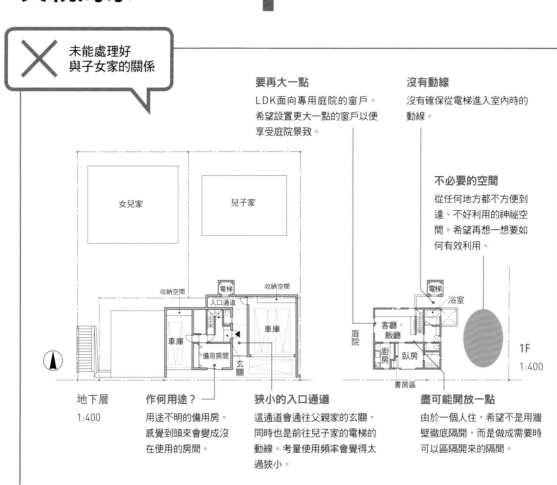

要再大一點
LDK面向專用庭院的窗戶。希望設置更大一點的窗戶以便享受庭院景致。

沒有動線
沒有確保從電梯進入室內時的動線。

不必要的空間
從任何地方都不方便到達、不好利用的神祕空間。希望再想一想要如何有效利用。

地下層 1:400

作何用途？
用途不明的備用房。感覺到頭來會變成沒在使用的房間。

狹小的入口通道
這通道會通往父親家的玄關，同時也是前往兒子家的電梯的動線。考量使用頻率會覺得太過狹小。

盡可能開放一點
由於一個人住，希望不是用牆壁徹底隔開，而是做成需要時可以區隔開來的隔間。

1F 1:400

消弭高低差
又因應未來需要，
且兼顧與
子女家的關係

左：從兒子家看過來。左邊看到的是兒子家的木平台。以走廊與兒子家相連

右：客廳兼飯廳。把左邊看到的拉門全部打開，便和臥房連成一體

L形開口

面向專用庭院和女兒家設置L形走廊和開口部。大開口的木製門採用收折式，只要收進牆壁裡，室內、走廊和庭院便連成一體。走廊並設有1.2m的屋簷，在營造靜謐氛圍的同時也能遮擋日照和雨淋。

輪椅可通行

電梯間設在連結兒子家、附屋頂的走廊前方。用大扇拉門隔開，以便萬一必須靠輪椅生活時也可以來來去去。

利用地窗採光

由於南邊臨接道路，顧慮來自道路的視線而採用地窗，只引入適度的光線。

臥房也可敞開

臥房和客廳以拉門隔間，日常可以完全敞開當作一整個大空間利用，只有客人來訪等想要遮起來時再隔開。

平時連成一個大空間

從穿堂和盥洗室都能進入廁所，平時一個人生活會打開盥洗室這一側的門，與臥房連成一體。把門拆掉即可應付輪椅進出。

1F
1:200

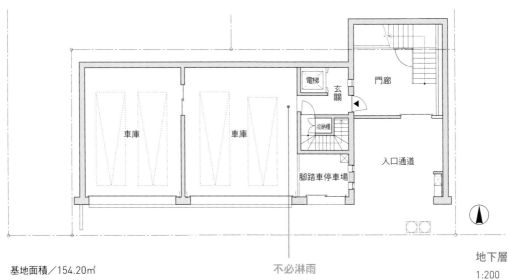

地下層
1:200

基地面積／154.20㎡
樓地板面積／72.90㎡
設計、施工／桃山建設
案名／杜鵑花丘之家

不必淋雨

穿過車庫可以到玄關，所以下雨天也可以直接前往室內。

081

考慮到
要適用輪椅，
同時追求使用的
方便性和舒適度

女主人行動不便，因此必須預先設想將來坐輪椅的生活。

力求打造除了對女主人，對共同生活的其他家人來說也舒適、好居住，雙方都不會有壓力的住宅。於是如何顧及輪椅的回轉半徑，同時又能在有限的面積內讓人住得舒適成了課題。廚房兼作飯廳、設置兩間廁所等，在這一類貼心考慮下，成為所有人都能愉快過生活的家。

前提條件
家庭成員：夫妻＋小孩1人＋貓
基地條件：基地面積242.54㎡
　　　　　建蔽率60%、容積率80%
　　　　　位在郊外，有公園、有運動廣場的集合住宅區內的基地。

案主的主要要求
• 可坐輪椅生活的平房或夾層住宅
• 貓也能玩耍的漂亮空間
• 著眼未來的無障礙住宅

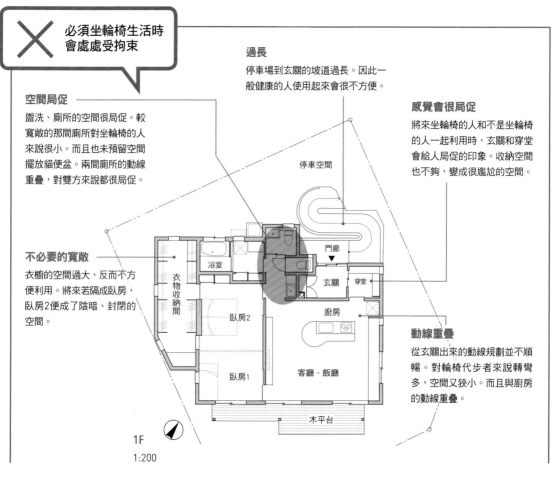

✕ 必須坐輪椅生活時會處處受拘束

過長
停車場到玄關的坡道過長。因此一般健康的人使用起來會很不方便。

空間局促
盥洗、廁所的空間很局促。較寬敞的那間廁所對坐輪椅的人來說很小。而且也未預留空間擺放貓便盆。兩間廁所的動線重疊，對雙方來說都很局促。

感覺會很局促
將來坐輪椅的人和不是坐輪椅的人一起利用時，玄關和穿堂會給人局促的印象。收納空間也不夠，變成很尷尬的空間。

不必要的寬敞
衣櫥的空間過大，反而不方便利用。將來若隔成臥房，臥房2便成了陰暗、封閉的空間。

動線重疊
從玄關出來的動線規劃並不順暢。對輪椅代步者來說轉彎多，空間又狹小。而且與廚房的動線重疊。

停車空間

門廊

浴室

衣物收納間

玄關　穿堂

臥房2

廚房

臥房1

客廳、飯廳

木平台

1F
1:200

不僅是輪椅，
家人也能
暢快利用的設計

左：寬敞的盥洗室。左邊的門是
大間的廁所。後方是小間的廁所
右：與餐桌結合的廚房

攝影：岡村靖子（三幀皆是）

隨處都有扶手
依據案主家人擁有物品的多
寡決定收納空間的大小。並
且隨處設置扶手，可以安心
使用。

設置板凳
更衣室和盥洗室分開，在更
衣室設置板凳，減輕更衣時
的負擔。盥洗室的梳妝台做
得很寬敞，可以全家人一起
利用。

擺在一起的廁所
在坐輪椅的人可使用的廁所之
外，另設其他家人可使用的廁
所，並把兩間擺在一起。大家
都可以沒有壓力地使用。
多目的廁所設計得很寬敞，還
可以擺放愛貓的便盆。

最短且不會淋雨
在房子的屋簷上下工夫，
從車棚到玄關可以不必淋
雨。坡道也縮短到所需的
最小限度。

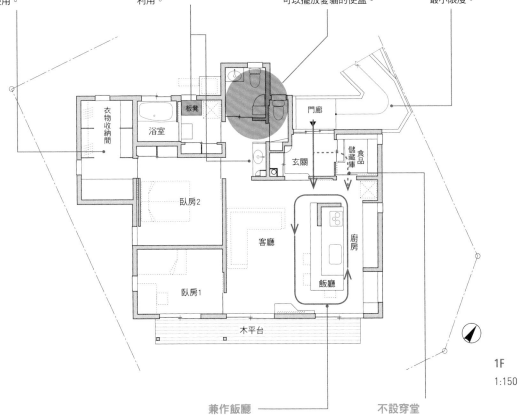

1F
1:150

基地面積／242.54㎡
樓地板面積／93.24㎡
設計、施工／阿部建設
案名／著眼未來，以平房構造
　　　具體實現安心、舒適且
　　　品味出眾的無障礙住宅

兼作飯廳
將廚房與東面牆壁平行配置，並結
合餐桌做成開放式廚房。確保廚房
收納和客廳的空間。廚房採中島式
設計，並打造回遊動線，省去不必
要的移動。

不設穿堂
玄關刻意不設穿堂，確保寬敞的
土間。設置將來可當作輪椅用副
玄關的食品儲藏庫。同時可以分
開輪椅代步者和其他家人出玄關
後的動線。

167

082
利用圍牆享受戶外電影院的樂趣

南側面道路，卻以巧妙的手法在南庭設置戶外銀幕、別具一格的住家。

利用錯層的立體結構、使二樓不會封閉的挑高天花板和外部房間的配置等，創造出充滿陽光的環境，讓人感受不到南北房間的優劣之分。可邊上樓邊仰望天空、配置可照亮廚房的高側窗，這些都是細心調查基地環境才得到的結果。

前提條件
家庭成員：夫妻＋小孩1人
基地條件：基地面積162.88㎡
建蔽率50%、容積率100%
寧靜的住宅區。前面道路的交通流量和行人相對較多。

案主的主要要求
- 讓在廚房做家事變有趣的開闊感
- 可享受看電影（夫妻共同嗜好）樂趣的點子
- 可沉澱心情的小空間、有所依靠的場所
- 充分利用馬賽克風格的室內陳設

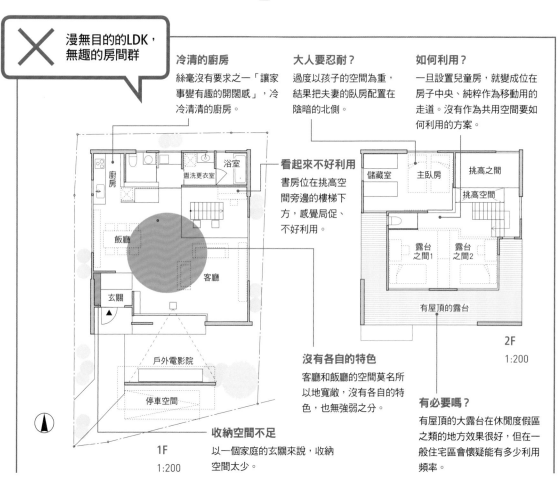

✕ 漫無目的的LDK，無趣的房間群

冷清的廚房
絲毫沒有要求之一「讓家事變有趣的開闊感」，冷冷清清的廚房。

大人要忍耐？
過度以孩子的空間為重，結果把夫妻的臥房配置在陰暗的北側。

如何利用？
一旦設置兒童房，就變成位在房子中央、純粹作為移動用的走道。沒有作為共用空間要如何利用的方案。

看起來不好利用
書房位在挑高空間旁邊的樓梯下方，感覺局促、不好利用。

沒有各自的特色
客廳和飯廳的空間莫名所以地寬敞，沒有各自的特色，也無強弱之分。

收納空間不足
以一個家庭的玄關來說，收納空間太少。

有必要嗎？
有屋頂的大露台在休閒度假區之類的地方效果很好，但在一般住宅區會懷疑能有多少利用頻率。

1F 1:200

2F 1:200

有效利用挑高，整個家成為舒適的安身之所

以外部空間隔開
插入外部空間，自然地隔開兩個房間，製造出適度的距離感。

可遠望的廚房
廚房位在北側，但因挑高的天花板上設有天窗，光線明亮，可以放眼望盡南庭的風景、整個生活風景，使做家事變得有趣。而且靠近用水區，家事動線也毫不費力。

享受嗜好
在停車空間靠建築物這一側築起一道牆，一方面遮住來自道路的視線，同時把內側牆面當作戶外電影院利用。夫妻倆可以在客廳裡享受共同的嗜好。

基地面積／162.88㎡
樓地板面積／132.31㎡
設計／長谷川順持建築デザインオフィス
案名／有戶外電影院的家

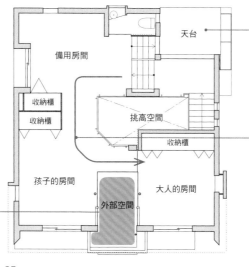

2F
1:150

夾層
1:150

上：挑高空間和家庭共用區
下：夾層的儲藏室前。位在通往二樓的樓梯中段，收放各種物品

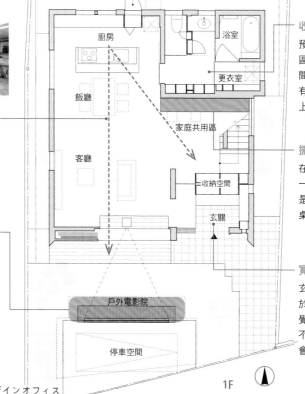

1F
1:150

來自北邊的光線
調查基地環境，找出能看到天空的地方，設置天台。北側的光線由高側窗照入室內，可以望著天空上下樓梯。

繞行挑高空間
繞著房子中央的挑高空間走才會到達大人的房間。挑高空間上部設有天窗，創造出連屋內深處都明亮的環境。

大收納空間
利用夾層做成的大收納空間。天花板雖不高，但就存放物品的空間來說方便好用。擴大的空間中極度不穩定的場所也會衍生出價值。

收納空間也很大
預留了夠大的面積作為水區，並備有大量的收納空間。更衣室可以關門，所以有人在洗澡時也可以放心地上廁所。

擴大的空間中
在樓梯下方，也是LDK的一個角落布置家庭共用區，是全家人都能隨意使用的書桌空間。

寬闊的玄關
玄關也預留了收納空間，由於門可以全部打開，因此感覺內外關係很親近。敞開時不但會有種開闊感，同時還會產生各式各樣的活動性。

083
讓陽光
自高側窗灑落，
旗竿型基地的
明亮格局

住家的特色是擁有又寬又大的玄關土間，同時兼作妻子（畫家）的畫室。設計師計劃將一樓畫室的上方做成挑高空間，讓陽光照進室內深處，變成明亮、開闊的空間。

讓二樓的斜面天花板露出結構的梁和垂木，營造有如被木頭包圍的氛圍。此外，天花板向南逐漸高起，因此從高側窗進來的陽光也會照到二樓深處，成為一整天都明亮、舒適的空間。

前提條件
家庭成員：夫妻
基地條件：基地面積88.26㎡
　　　　　建蔽率50%（一部分60%）、
　　　　　容積率80%（一部分160%）
　　　　　四周環繞鄰宅、狹小的旗竿型基地。東南
　　　　　向多少有點缺口。

案主的主要要求
• 要確保畫家妻子的畫室空間
• 希望有地方可以躲起來思考事情
• 開放式的LDK

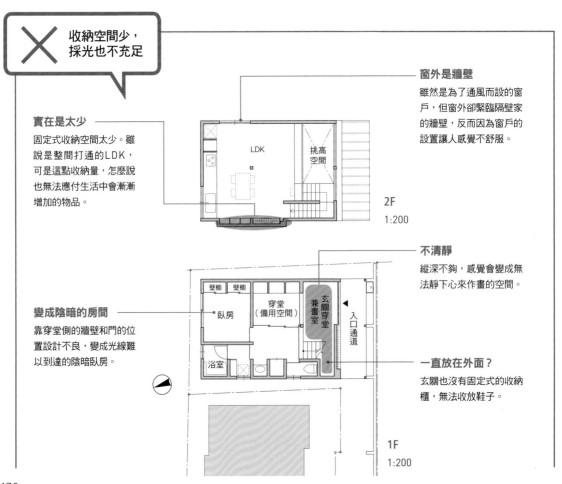

✕ 收納空間少，採光也不充足

窗外是牆壁
雖然是為了通風而設的窗戶，但窗外卻緊臨隔壁家的牆壁，反而因為窗戶的設置讓人感覺不舒服。

實在是太少
固定式收納空間太少。雖說是整間打通的LDK，可是這點收納量，怎麼說也無法應付生活中會漸漸增加的物品。

LDK　挑高空間

2F
1:200

不清靜
縱深不夠，感覺會變成無法靜下心來作畫的空間。

變成陰暗的房間
靠穿堂側的牆壁和門的位置設計不良，變成光線難以到達的陰暗臥房。

壁櫥　壁櫥
臥房
穿堂（備用空間）
玄關穿堂兼畫室
入口通道
浴室

一直放在外面？
玄關也沒有固定式的收納櫃，無法收放鞋子。

1F
1:200

兩用的玄關穿堂
創造出樂趣

攝影：石田篤
（三幀皆是）

左：從樓梯看土間和玄關穿堂。陽光從挑高空間上部的窗戶照進來
右：二樓LDK。右邊看到的是獨處空間。明亮的陽光從南側的高窗照進室內

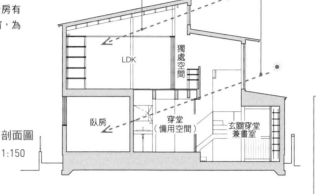

來自高側窗的光
二樓LDK只有北側的廚房有窗戶，但南側設有高側窗，為室內帶來明亮的光線。

剖面圖
1:150

LDK

獨處空間

臥房

穿堂（備用空間）

玄關穿堂兼畫室

讓陽光照進深處
玄關穿堂兼畫室的上方天花板挑高。讓陽光可以通過挑高空間照到一樓深處。

偶爾想獨處
關上拉門便成為可以獨處的空間。任何人想要專心做什麼時皆可使用。只要把門開啟或關上即可與其他空間相連或分開，因此不用時可與LDK連通一體利用。

2F
1:150

LDK

獨處空間

挑高空間

讓上下樓梯變有趣
面向挑高空間設置樓梯，使得往來一、二樓變成愉快的時間。

清爽的生活
單間式的LDK。壁面設置固定式收納櫃，可以收放生活中充塞的五花八門物品，讓生活變得清清爽爽。

浴室

臥房

穿堂（備用空間）

玄關穿堂兼畫室

收納櫃　收納櫃

1F
1:150

兼用但分開來
既是寬敞的玄關穿堂，也是畫家妻子的畫室。兼作兩種功能以有效地利用空間，同時也確保收納空間。雖然沒有明確地區隔，但藉由整頓通往室內的動線，使畫室空間與動線自然地區分開來。而且可以從玄關直線穿過土間進入室內，消除了土間的封閉感。

基地面積／88.26㎡
樓地板面積／71.12㎡
設計／デザインライフ設計室（青木律典）
案名／國分寺的小住居

084

利用
格局布置的巧思
解決平房、中庭
增加的成本

這是為了解決「想蓋成平房，可是工程費相對較高」的煩惱，用一個大屋頂罩住兩層樓的案例。並把「圍牆」併入建築物一體建造，造價相對較高的中庭工程當作外構工程，降低成本，實現想擁有中庭的願望。

兩座三角屋頂組合起來的極簡造形會隨著觀看的角度展現不同的樣貌，不過，來自對面公共設施的視線已被阻斷。充分利用三角屋頂做成高大的斜面天花板，營造出開闊又有包覆感的客廳。

前提條件
家庭成員：夫妻＋小孩1人
基地條件：基地面積299.45㎡
建蔽率60%、容積率200%
將農地變更成住宅用地的平坦土地。南側道路的對面有大型公共設施，前面道路的交通流量也多。
案主的主要要求
• 想蓋成擁有中庭的平房
• 簡單的三角頂，不會顯露生活感的外觀
• 從玄關看不到起居空間

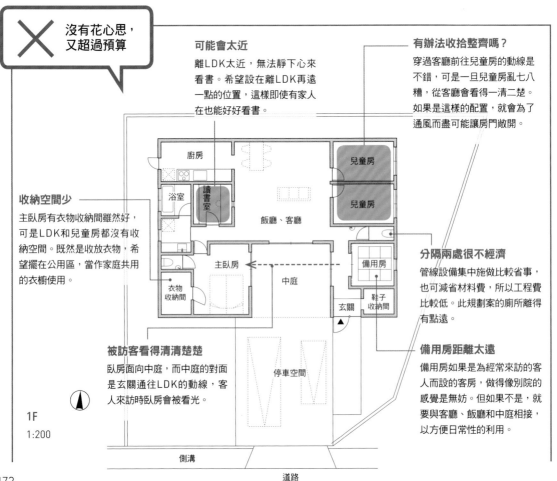

✕ 沒有花心思，又超過預算

可能會太近
離LDK太近，無法靜下心來看書。希望設在離LDK再遠一點的位置，這樣即使有家人在也能好好看書。

有辦法收拾整齊嗎？
穿過客廳前往兒童房的動線是不錯，可是一旦兒童房亂七八糟，從客廳會看得一清二楚。如果是這樣的配置，就會為了通風而盡可能讓房門敞開。

收納空間少
主臥房有衣物收納間雖然好，可是LDK和兒童房都沒有收納空間。既然是收放衣物，希望擺在公用區，當作家庭共用的衣櫥使用。

分隔兩處很不經濟
管線設備集中施做比較省事，也可減省材料費，所以工程費比較低。此規劃案的廁所離得有點遠。

被訪客看得清清楚楚
臥房面向中庭，而中庭的對面是玄關通往LDK的動線，客人來訪時臥房會被看光。

備用房距離太遠
備用房如果是為經常來訪的客人而設的客房，做得像別院的感覺是無妨。但如果不是，就要與客廳、飯廳和中庭相接，以方便日常性的利用。

平面圖標示：廚房、浴室、讀書室、飯廳、客廳、兒童房、兒童房、主臥房、中庭、備用房、衣物收納間、玄關、鞋子收納間、停車空間、側溝、道路

1F
1:200

做成平房「風」，兼顧期待和成本

有二樓的平房？
法令上是兩層樓的建築，但解釋成屋頂內有房屋，因而減少了建築面積。最後，因為屋頂工程、基礎工程、外牆工程的面積減少，因而降低了工程費用。

有如祕密基地
兒童房配置在二樓，就算亂七八糟，從LDK也看不到。採用可以感受閣樓氣氛的天窗，有如祕密基地的房間。

屋頂 / 兒童房 讀書室 / 光庭 浴室 主臥房 中庭

活用大屋頂
在客廳、飯廳的上方是大屋頂的斜天花板，成為開闊的挑高空間。

兒童房 天窗 挑高空間 讀書室 天窗 天窗 挑高空間 兒童房

適度的距離感
把要求之一的讀書室配置在二樓。設置可俯看客廳和飯廳的小窗戶，創造出能專心看書同時又感覺得到動靜的距離感。

2F 1:200

上：傍晚時建築物的外觀。大型三角屋頂組成L形，並以木造圍欄打造出中庭
下：一樓LDK。利用大屋頂做成的全白挑高空間，和十字交叉、給人強烈印象的橫梁
攝影：上田宏（三幀皆是）

雙入口的鞋子收納間
在打開玄關門的正面設置鞋子收納間。由於可以從面前的入口走進鞋子收納間，穿過穿堂進入室內，因此可當作內玄關使用，使一家的鞋子不會散亂在玄關。

從共用區進入
把衣櫥設在家人都可利用的共用區，作為家庭衣物間。

集中與「水」有關的設備
將管線設備集中設在西側，工程費因而比較便宜。

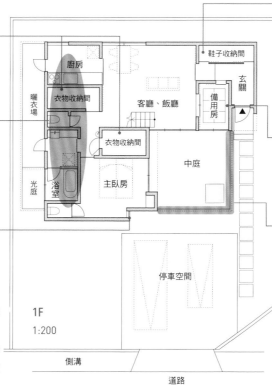

廚房 / 曬衣場 / 衣物收納間 / 客廳、飯廳 / 鞋子收納間 / 玄關 / 備用房 / 浴室 / 衣物收納間 / 中庭 / 光庭 / 主臥房

停車空間

1F 1:200

側溝 / 道路

與設計很搭的窗戶
在道路和位於南側的公共設施看不到的位置設窗戶。不只是設窗戶，還讓窗戶融入外觀的設計。

基地面積／299.45㎡
樓地板面積／112.10㎡
設計／石川淳建築設計事務所
案名／看似平房的有中庭的家

直接進入備用房
把玄關的動線做成L形，可以從玄關直接進出備用房。也可以當作客房利用。

用圍欄圍出中庭
把建築物設計成L形平面，用木造圍欄圍起來做成中庭。圍欄成為吸引主臥房視線的焦點，為主臥房製造出寧靜祥和的景致。利用「圍欄」圍成的中庭也有助於降低工程費。

085

以斜面天花板的大挑高空間連通上下樓的親子住宅

這是案主和母親兩人居住的家。原初的規劃案是把客廳和飯廳設在二樓，但考慮到今後要長久居住，年歲漸長的母親將來上下樓梯會有困難。

因此，設計師把客廳、飯廳移至一樓，讓母親的生活、家事動線集中在一樓，藉此營造出類似無障礙空間的效果。兩人的臥房分別設在一、二樓，好讓彼此都保有自各的隱私。

前提條件
家庭成員：母親＋案主
基地條件：基地面積153.70㎡
建蔽率60%、容積率150%
寧靜住宅區的轉角地。
案主的主要要求
• 希望有車庫
• 希望有明亮的客廳
• 希望是溫暖的LDK
• 希望可以彈鋼琴

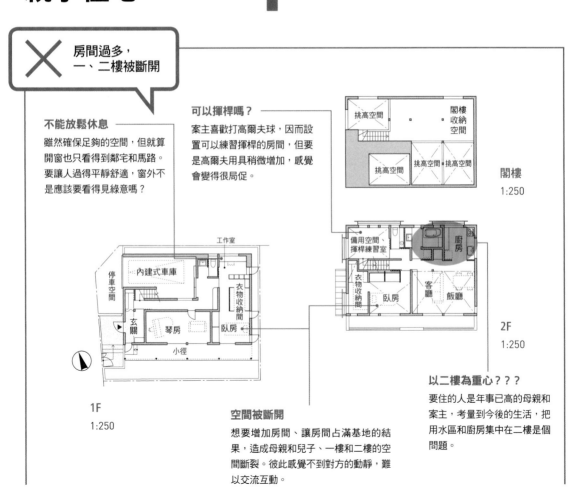

✕ 房間過多，一、二樓被斷開

不能放鬆休息
雖然確保足夠的空間，但就算開窗也只看得到鄰宅和馬路。要讓人過得平靜舒適，窗外不是應該要看得見綠意嗎？

可以揮桿嗎？
案主喜歡打高爾夫球，因而設置可以練習揮桿的房間，但要是高爾夫用具稍微增加，感覺會變得很局促。

閣樓
1:250

挑高空間 ／ 閣樓收納空間 ／ 挑高空間＝挑高空間

備用空間、揮桿練習室 ／ 廚房 ／ 衣物收納間 ／ 臥房 ／ 客廳 ／ 飯廳

2F
1:250

停車空間 ／ 內建式車庫 ／ 工作室 ／ 衣物收納間 ／ 玄關 ／ 琴房 ／ 臥房 ／ 小徑

1F
1:250

空間被斷開
想要增加房間、讓房間占滿基地的結果，造成母親和兒子、一樓和二樓的空間斷裂。彼此感覺不到對方的動靜，難以交流互動。

以二樓為重心？？？
要住的人是年事已高的母親和案主，考量到今後的生活，把用水區和廚房集中在二樓是個問題。

將一樓打造成生活的重心，共享娛樂空間

左：靠馬路側的外觀
右：一樓的樣子。母親的臥房在廚房後面，挑高的大空間當作共用的娛樂空間

攝影：渡邊慎一（三幀皆是）

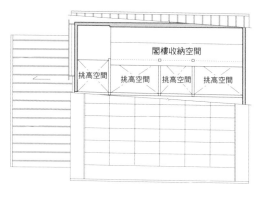

閣樓
1:200

有效的空間分配
將兩人所屬的空間分別設置在一樓和二樓，確保隱私，同時用挑高的天花板連通，可以感覺到彼此的動靜。此外並利用屋頂的斜天花板營造空間的立體感，也提升開闊感。成為裝飾重點的橫梁也極具震撼效果。

維修保養用&健康器具
維修保養窗戶用的空橋。喜歡活動筋骨的案主可以把它當「雲梯」利用。過著平時就有意識地持續運動的健康生活。

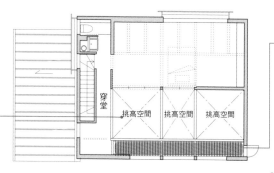

2F
1:200

徹底的大空間
把很容易因為基地面積寬敞就被隔成一個個小房間的部分，徹底打通成一個大空間來利用。不隔間帶給人視覺上的開闊感，確保適合悠閒度過的寬闊空間。

空間區劃分明
只是睡覺用的房間就移到北側的角落。彈鋼琴和閱讀的空間則擺在可以看見庭園綠意的特等席。恰恰適合白天長時間待在家裡的母親。

1F
1:200

基地面積／153.70㎡
樓地板面積／133.83㎡
設計、施工／岡庭建設
案名／向陽之家

講究的內建式車庫
利用減少房間數而相應增加的空間，實現有著斜天花板，可以從樓梯的大片窗戶欣賞展示的汽車的內建式車庫。

讓生活集中在一樓
考量到母親年事已高，把用水區和廚房配置在一樓，以便能在一樓過生活。

「總之就是想要開放式、明亮的家！！」，基於案主夫婦如此要求而設計出的健康住宅。

採用填充隔熱＋抑制牆壁內黴菌孳生的壁體內通氣工法。把鏤空的樓梯配置在客廳中央，利用大扇窗戶引入明亮的光線。設置有助於開闊感的天花板高度，客廳的高3m，廚房高2.55m。小孩一身髒兮兮回到家可以直接走去浴室和洗衣間，像這種可使家事輕鬆化的空間配置也是一項重點。

前提條件
家庭成員：夫妻＋小孩2人＋狗
基地條件：基地面積217.94㎡
　　　　　建蔽率40%、容積率80%
　　　　　寧靜住宅區內的梯形基地。
　　　　　北側臨接道路。
案主的主要要求
• 所有房間都要明亮、感覺開闊
• 考慮家事動線，可以有效率地作業
• 希望有娛樂室

陽光自中央挑高處灑落，有完善娛樂室的健康住宅

086

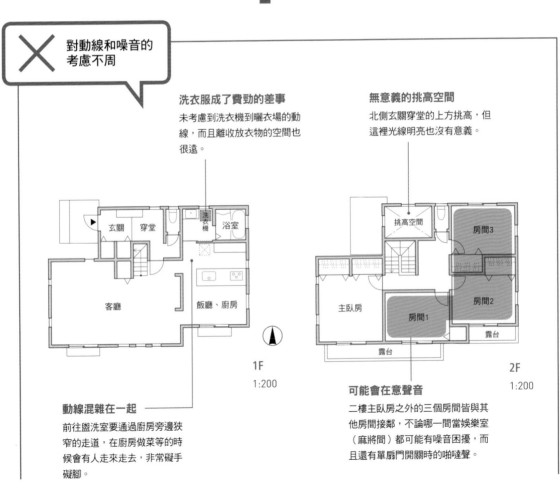

✕ 對動線和噪音的考慮不周

洗衣服成了費勁的差事
未考慮到洗衣機到曬衣場的動線，而且離收放衣物的空間也很遠。

無意義的挑高空間
北側玄關穿堂的上方挑高，但這裡光線明亮也沒有意義。

動線混雜在一起
前往盥洗室要通過廚房旁邊狹窄的走道，在廚房做菜等的時候會有人走來走去，非常礙手礙腳。

可能會在意聲音
二樓主臥房之外的三個房間皆與其他房間接鄰，不論哪一間當娛樂室（麻將間）都可能有噪音困擾，而且還有單扇門開關時的啪噠聲。

1F 1:200

2F 1:200

利用鏤空的樓梯
使開闊感倍增

一樓客廳。鏤空的樓梯、樓梯四周的挑高大空間,以及純白的牆壁、地板和天花板,打造出明亮的大空間

擴大挑高空間
不僅樓梯採鏤空設計使視線可以穿透,樓梯四周的挑高空間更加提升開闊感。

拉開距離
主人嗜好是打麻將,把麻將室配置在二樓的北側,並附設廁所,盡可能不造成其他房間困擾。出入口則採用拉門設計。

娛樂室
走廊
主臥房
兒童房
兒童房
露台
挑高空間

2F
1:150

意想不到地便利
在廁所外設置洗手台。不只如廁後可洗手,作為二樓的飲水區也很方便。來打麻將的客人也可在這裡洗手。

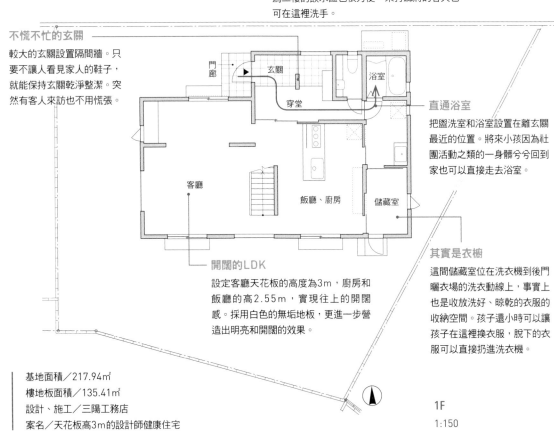

不慌不忙的玄關
較大的玄關設置隔間牆。只要不讓人看見家人的鞋子,就能保持玄關乾淨整潔。突然有客人來訪也不用慌張。

門廊
玄關
浴室
穿堂
客廳
飯廳、廚房
儲藏室

直通浴室
把盥洗室和浴室設置在離玄關最近的位置。將來小孩因為社團活動之類的一身髒兮兮回到家也可以直接走去浴室。

開闊的LDK
設定客廳天花板的高度為3m,廚房和飯廳的高2.55m,實現往上的開闊感。採用白色的無垢地板,更進一步營造出明亮和開闊的效果。

其實是衣櫥
這間儲藏室位在洗衣機到後門曬衣場的洗衣動線上,事實上也是收放洗好、晾乾的衣服的收納空間。孩子還小時可以讓孩子在這裡換衣服,脫下的衣服可以直接扔進洗衣機。

基地面積／217.94㎡
樓地板面積／135.41㎡
設計、施工／三陽工務店
案名／天花板高3m的設計師健康住宅

1F
1:150

087

以雁行方案
打造日照極優、
五人共同生活的
溫暖的家

戰後不久興建的老房子重新改建。要居住的是三代五口之家。由於老房子很冷，案主希望改建成溫暖的住宅，因此採用OM太陽能。利用OM太陽能公司的地板暖氣系統和拉門這一類的建具，可以細膩地調控溫度，維持室內溫暖的環境。在向庭院開口的雁行平面上配置母親的房間、家人共用的客廳、飯廳、廚房，各個空間大致相連，格局落落大方。

前提條件
家庭成員：夫妻＋小孩2人＋母親
基地條件：基地面積691.78㎡
　　　　　建蔽率40%、容積率80%
　　　　　寧靜住宅區內臨接四米道路的平坦基地。
案主的主要要求
• 要讓母親的朋友能輕易從庭院進入
• 車庫（可停2台）＋訪客用（1台）＋自行車（案主的嗜好）停放場
• 希望有可供多人聚會的空間
• 希望盥洗室、更衣室與放洗衣機的地方能分開
• 希望有榻榻米區，位在客廳一隅即可

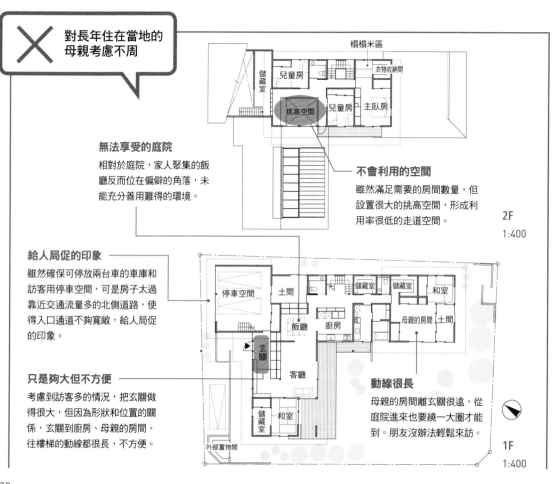

✕ 對長年住在當地的母親考慮不周

無法享受的庭院
相對於庭院，家人聚集的飯廳反而位在偏僻的角落，未能充分善用難得的環境。

不會利用的空間
雖然滿足需要的房間數量，但設置很大的挑高空間，形成利用率很低的走道空間。

給人局促的印象
雖然確保可停放兩台車的車庫和訪客用停車空間，可是房子太過靠近交通流量多的北側道路，使得入口通道不夠寬敞，給人局促的印象。

只是夠大但不方便
考慮到訪客多的情況，把玄關做得很大，但因為形狀和位置的關係，玄關到廚房、母親的房間、往樓梯的動線都很長，不方便。

動線很長
母親的房間離玄關很遠，從庭院進來也要繞一大圈才能到。朋友沒辦法輕鬆來訪。

2F 1:400

1F 1:400

把母親的房間擺在靠馬路側，同時貼近在地生活

排成雁行的客廳和飯廳。戶外的木平台也呈雁行相連

攝影：SHINCHI WATANABE（兩幀皆是）

可感知樓下的動靜
在一樓母親的房間旁設置小的挑高空間。夜裡從二樓也能感知母親的動靜。

多目的遊戲區
在日照良好的地方設置多目的空間。孩子小的時候當作遊戲場、讀書區使用，隨著家人成長也可當作第二客廳利用。

款待客人
設置寬敞的玄關土間，並將地板墊高，設置有如前室般的和室。可以拉門隔間，作為簡易的接待訪客空間也很方便。

副動線兼收納空間
直通車庫和走廊的玄關土間既是收納空間，也是家人用的副動線。訪客用的玄關可常保整齊清爽。

完善的食品庫
準備一間食品庫，用來存放自家栽培的蔬菜、自製醃漬物等食品和日用品的存貨。收納能力出類拔萃，可擺下大小兩台冰箱。飯廳不會到處都放滿雜物，擁有舒適清爽的生活。

2F
1:250

1F
1:250

容易接近
母親眾多的朋友都住在附近，居住空間設在靠庭院側，且離庭院入口很近，可通過廂房輕鬆出入。

排成雁行互相連通
母親的房間、客廳、飯廳排成雁行互相連通。所有空間都向南側庭院開口，兩面採光，因而明亮又開闊。利用OM太陽能系統讓隔間少的大空間常保溫暖。

配備收納功能
走廊的壁面有長條收納櫃。可收放鑰匙、提包、書籍等，回家和出門時很方便。

基地面積／691.78㎡
樓地板面積／271.57㎡
設計、施工／鈴木工務店
案名／刻印時光

088

考慮到
照護方便，
空間不大但
保有隱私的住宅

位於下町，為夫妻和高齡母親所設計的二代宅。周邊有小工廠、公寓大廈等，新舊建築物雜陳。基地呈梯形，原有的主屋還在。設計師被要求提出母親可繼續住在既有的主屋而不必暫時搬去別處，並有方便照護的空間、家人間能保有隱私的規劃案。面對變形的基地，設計師讓建築物的平面也變形，設置土間走道，試圖打造連結地區和案主回憶的住家。

前提條件
家庭成員：夫妻＋母親
基地條件：基地面積206.48㎡
　　　　　建蔽率60%、容積率200%
　　　　　臨接道路面寬狹小的梯形土地。四周小工
　　　　　廠、公寓大廈雜處。
案主的主要要求
• 繼續住在既有建築物的規劃案
• 方便照護的住家
• 明亮、開闊的空間

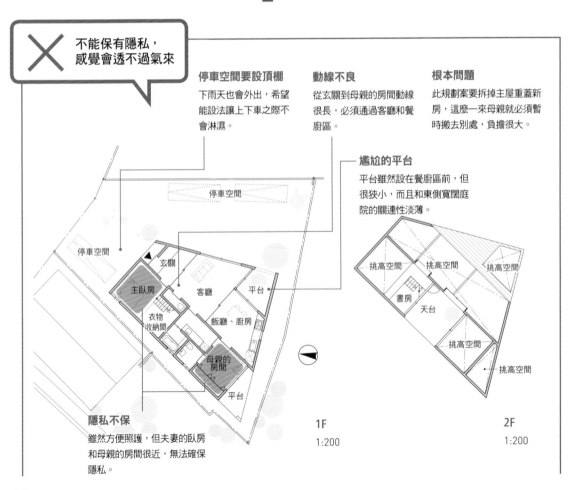

❌ 不能保有隱私，
感覺會透不過氣來

停車空間要設頂棚
下雨天也會外出，希望能設法讓上下車之際不會淋濕。

動線不良
從玄關到母親的房間動線很長，必須通過客廳和餐廚區。

根本問題
此規劃案要拆掉主屋重蓋新房，這麼一來母親就必須暫時搬去別處，負擔很大。

尷尬的平台
平台雖然設在餐廚區前，但很狹小，而且和東側寬闊庭院的關連性淡薄。

停車空間

停車空間

玄關

主臥房　　客廳　　平台

衣物收納間　　飯廳、廚房

母親的房間

平台

挑高空間　挑高空間　挑高空間

書房

天台

挑高空間

挑高空間

1F
1:200

2F
1:200

隱私不保
雖然方便照護，但夫妻的臥房和母親的房間很近，無法確保隱私。

小心地一點一點累積
使用的方便性和距離感

左：母親的房間內部。正面上方看到的是再利用的建具
右：從客廳看向土間走道。窗戶之間的牆壁是好幾層疊起來的

攝影：上田宏
（三幀皆是）

有回憶的建具
原來老房子的建具重新利用在母親房間的上部。並可以從二樓查探母親的狀況。

製造距離感
通到二樓夫妻臥房的樓梯很長且斜度徐緩。因為長，所以製造出與母親房間的距離感，得以保護隱私。

製造縱深
隔開土間走道和挑高空間的牆上設有窗戶，在確保通風和採光的同時，翼牆和窗戶互相重疊，也使空間產生縱深。

不會淋雨
把臥房下方做成柱廊，下雨天上下車時就不會淋濕。

土間走道
考慮到輪椅動線，把玄關到母親房間做成土間走道。

有計劃地建造
保留原有的老房子，在剩餘的基地上建造新房。搬遷完後再拆除老房子做成庭院。

自由空間

挑高空間

主臥房

挑高空間

挑高空間

2F
1:200

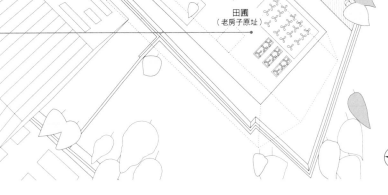

儲藏室

浴室

母親的房間

玄關

停車空間

土間走道

廚房

客廳

飯廳

停車空間

田圃
（老房子原址）

基地面積／260.48㎡
樓地板面積／105.27㎡
設計、施工／白子秀隆建築設計事務所
案名／遷移的住居

1F
1:200

181

089
利用外部樓梯增加地板面積，完全分離的二代宅

約32坪基地的改建計劃，打造三層樓、完全分離的二代宅。父母親住一樓，子女一家人住二、三樓。反映不同的興趣和嗜好，採用完全分離的形式。解決改建前的家原有室內陰暗、耐震性脆弱的問題也成為很重要的條件。

設置外部樓梯和兩代各自獨立的玄關為此案很大的特徵。內部不設樓梯因而確保了一樓的面積，使各個房間有更寬裕的空間。

前提條件
家庭成員：父母親＋子女一家人（夫妻＋小孩1人）
基地條件：基地面積107.05㎡
建蔽率60%、容積率160%
北側臨接道路，形狀南北狹長。鄰宅三面環抱，只有東邊有空間可採光。

案主的主要要求
• 兩代間的聲音不會互相干擾
• 確保通風、採光、隔熱性
• 廚房垃圾的處理順暢等

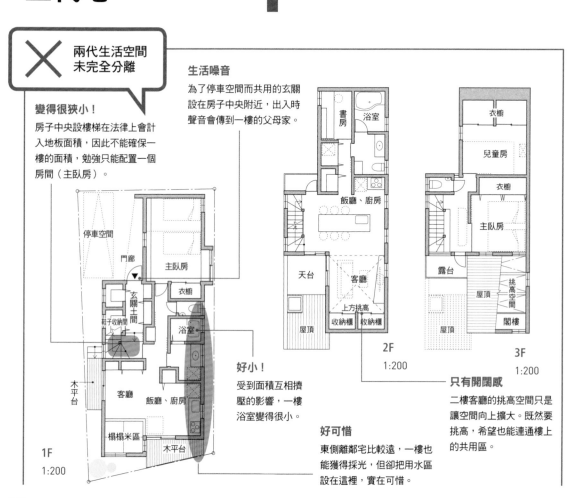

✕ 兩代生活空間未完全分離

生活噪音
為了停車空間而共用的玄關設在房子中央附近，出入時聲音會傳到一樓的父母家。

變得很狹小！
房子中央設樓梯在法律上會計入地板面積，因此不能確保一樓的面積，勉強只能配置一個房間（主臥房）。

停車空間
門廊
主臥房
衣櫥
玄關土間
鞋子收納間
浴室
木平台
客廳
飯廳、廚房
榻榻米區
木平台

1F
1:200

好小！
受到面積互相擠壓的影響，一樓浴室變得很小。

好可惜
東側離鄰宅比較遠，一樓也能獲得採光，但卻把用水區設在這裡，實在可惜。

書房
浴室
飯廳、廚房
天台
客廳
上方挑高
收納櫃 收納櫃
屋頂

2F
1:200

只有開闊感
二樓客廳的挑高空間只是讓空間向上擴大。既然要挑高，希望也能連通樓上的共用區。

衣櫥
兒童房
衣櫥
W
主臥房
露台
挑高空間
屋頂
閣樓

3F
1:200

一、二樓分設玄關，擴大生活空間

```
3F
1:200
```

上下樓層連通

連通二樓客廳和三樓共用區的挑高空間。不僅是空間上的擴大，也能傳遞家人的動靜。

兼作板凳用

用強化膠合玻璃做成的板凳其實是讓自然光灑落一樓客廳的天窗。把板凳靠北側設置，即使是冬天太陽的位置較低，陽光也能直接照進一樓。

```
2F
1:200
```

分開生活

設置兩代人各自的玄關，預防世代間因生活風格和作息時間相異而產生糾紛。外部樓梯設在遠離一樓臥房的位置，以避開噪音的問題。

確保面積！

採用不計入建築面積的外部樓梯作為往樓上的通道，確保了面積。尤其是位在一樓的父母家，因為這樣變得可以配置兩個房間。

基地面積／107.05㎡
樓地板面積／160.45㎡
設計／充総合計画（杉浦充）
案名／FJI

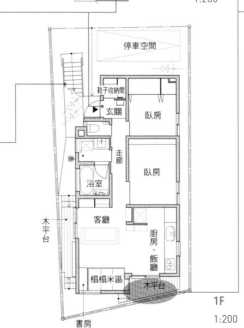

```
1F
1:200
```

上：二樓LDK。利用挑高空間與三樓連通，開闊感十足
中：一樓客廳。照片中央上方是設在二樓露台的天窗。天窗雖然小，但為一樓引入許多自然光
下：俯看二樓露台。強化膠合玻璃做成的板凳成了天窗

攝影：檜川泰治
（四幀皆是）

從視野中消失

兩個家庭的客廳都不會直接看到看起來很繁雜的廚房。而且一樓設有木平台，二樓設有後陽台，可以當作廚餘暫存區。

090

中央的大柱子
支撐著三代
可以快樂
生活的家

「希望有給人強烈印象的粗大柱子和橫梁、全家人可好好輕鬆休息的客廳」，由此展開的住宅打造計劃。三代人共用玄關和用水區，住在天花板挑高，而挑高空間內有大柱子和樓梯的開放式大空間裡。玄關設在南側，因而形成感覺像緣廊的走道，成為可感知彼此動靜的空間。並巧心設計建具，讓人在床上也可以眺望庭院。另外還有增進交流互動的裝置，如配合小孫子的身高設置開口（拉門）等也很有趣。

前提條件
家庭成員：雙親＋夫妻＋小孩1人
基地條件：基地面積273.40㎡
　　　　　建蔽率50%、容積率100%
　　　　　寧靜住宅區內的梯形基地。
　　　　　東側臨接道路。

案主的主要要求
• 幾近同居的形式。子女家的二樓設置小型廚房
• 含浴室、廁所在內都要有明亮的自然光
• 可停2台的停車空間、可彈奏樂器的隔音室等

✕ 很難傳遞家人的動靜

不自然的玄關
為了自南側引入大量光線而把玄關設在北側，可是停車空間也想要擺在玄關附近，導致玄關變得很不自然。

半大不小
挑高空間半大不小，很難產生開闊感。而且臥房和兒童房靠挑高空間這一側都呈現封閉狀態，沒有和一樓連通。

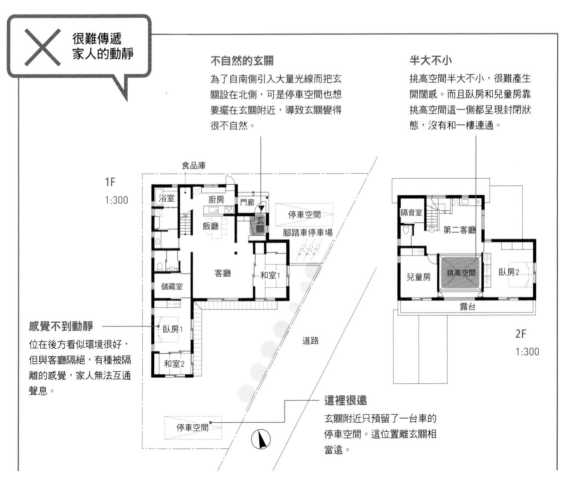

1F 1:300

食品庫
浴室　廚房　門廊
飯廳　玄關
儲藏室　客廳　和室1
　　　　臥房1
　　　　和室2

停車空間
腳踏車停車場

道路

停車空間

2F 1:300

隔音室　第二客廳
兒童房　挑高空間　臥房2
露台

感覺不到動靜
位在後方看似環境很好，但與客廳隔絕，有種被隔離的感覺，家人無法互通聲息。

這裡很遠
玄關附近只預留了一台車的停車空間。這位置離玄關相當遠。

利用大挑高空間
和回遊動線
凝聚一家人

左：臥房1與和室2。拉門
中段設有玻璃窗，孫子會推
開玻璃窗探頭進來
右：LDK和挑高空間。客
廳為天花板挑高的大空間。
大柱子成為象徵

攝影：遠山しゅんか
（三幀皆是）

2F
1:250

第二客廳
隔音室
衣櫥
兒童房
挑高空間
臥房2
貓道

因挑高空間變得明亮

挑高空間使一樓客廳和二樓各
個房間能互通聲息，光線會從
挑高空間上部的高側窗照進室
內。高側窗設有貓道，可以自
由開關，也具換氣效果。

繞廚房一圈

以廚房為中心形成回遊動線，
因而縮短了家事動線，可以輕
輕鬆鬆地做家事。

副動線的可貴

確保不必經由走廊、客廳即可
到達廁所和浴室的動線。有訪
客時也可以毫無顧慮地去上廁
所。

和鄰居輕鬆地往來

在玄關之外另設入口通道，感
情要好的鄰居可以隨意從這裡
來串門子。將來若加裝升降梯
坐輪椅也可以出入。

浴室
廚房
飯廳
和室1
停車場
腳踏車
衣物收納間
客廳
曬衣場
臥房1
走廊
收納
和室2
穿堂
玄關
門廊
道路
停車空間

有效利用基地

把多出來的三角形部分做成曬
衣場。除了在靠馬路側豎立木
板牆阻斷外面的視線，也不會
讓客廳看到。

緣廊的感覺

夏季，庭院裡綠木扶疏，走廊
感覺像是有遮陽的緣廊。與臥
房隔開的拉門中段有可開闔
的玻璃窗，是特別訂做的。既
可調節陽光，同時也調節與在
客廳的家人的距離感。

基地面積／273.40㎡
樓地板面積／183.20㎡
設計、施工／持井工務店
案名／旭町之家

1F
1:250

091

可欣賞公園的櫻花，同時有陽光連繫著一家人的二代宅

臨接公園，可欣賞到園裡的櫻花的二代宅。計劃建造與建築物地基合為一體的擋土牆，使入口通道與路面同高，以確保停車空間，也讓高齡的雙親可以平順地進入二樓的住處。

打造具有開闊感的空間，讓人可以從客廳，也可以從門口欣賞到櫻花，一樓的公共空間同時也成了明亮、開闊的空間。一樓則是像合租住宅般，以樓梯為中心配置房間，

前提條件
家庭成員：夫妻＋小孩3人＋雙親
基地條件：基地面積145.17㎡
　　　　　建蔽率70%、容積率160%
　　　　　寧靜住宅區內的方正土地。雙向臨接道路，但比路面低2.4m。旁邊的公園裡有大櫻花樹。
案主的主要要求
• 可以感覺到父母那邊的動靜
• 除了櫻花之外，也想在家裡欣賞公園的綠意
• 明亮的室內空間

✕ 並未考量到一、二樓的連結

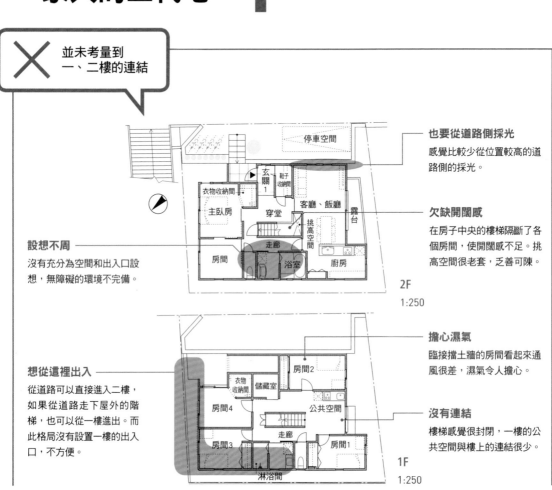

也要從道路側採光
感覺比較少從位置較高的道路側的採光。

欠缺開闊感
在房子中央的樓梯隔斷了各個房間，使開闊感不足。挑高空間很老套，乏善可陳。

設想不周
沒有充分為空間和出入口設想，無障礙的環境不完備。

2F
1:250

想從這裡出入
從道路可以直接進入二樓，如果從道路走下屋外的階梯，也可以從一樓進出。而此格局沒有設置一樓的出入口，不方便。

擔心濕氣
臨接擋土牆的房間看起來通風很差，濕氣令人擔心。

沒有連結
樓梯感覺很封閉，一樓的公共空間與樓上的連結很少。

1F
1:250

利用來自中央的自然光 連接上下樓層

左：一樓公共空間。明亮的光線從挑高空間灑落
右：二樓LDK。靠道路那側的高側窗也會把光線引入室內

來自中央的光線

擴大挑高空間，讓來自上方天窗的光線在全家四處打轉。因為是用玻璃板作隔間，因此光線會照進LDK，同時也可以從穿堂遠眺露台對面公園的櫻花。另外，挑高空間也讓一樓產生整體感。

利用高側窗採光

以斜面天花板的形式設置高側窗，從道路側把光引入室內。

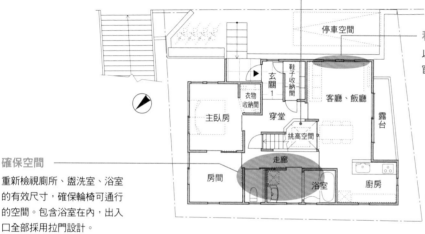

停車空間

玄關
鞋子收納間
衣物收納間
主臥房
穿堂
客廳、飯廳
露台
挑高空間
房間
走廊
浴室
廚房

2F
1:200

確保空間

重新檢視廁所、盥洗室、浴室的有效尺寸，確保輪椅可通行的空間。包含浴室在內，出入口全部採用拉門設計。

土間空間
衣物收納間
儲藏室
房間2
房間4
收納
公共空間
房間3
玄關2
房間1

1F
1:200

空氣流通

動腦筋設計收納空間的位置，在靠土間側設窗戶，實現雙向開口，使空氣流通。

也連通樓上

拆掉樓梯的牆壁，擴大挑高空間，使來自上方天窗的光線也能照到一樓。

基地面積／145.17㎡
樓地板面積／145.10㎡
設計、施工／鶴崎工務店
案名／可欣賞公園裡櫻花綻放的二代宅

一樓也有玄關

一樓也設置玄關，可以直接從一樓進出。

092

連在一起
卻能保有隱私的
七人之家

構造有如把兩個家併在一起的住宅。子女的四人家庭採用垂直的生活動線，在二樓設置一個個房間，確保一樓LDK的空間。父母的三人家庭採用水平的生活動線，構造有如平房。並認真設置衣物收納間，充實收納能力。

兩家人共用浴室等的用水區，更利用挑高空間互相傳遞聲息。實現可以連結兩個家庭共7人的快樂生活，且同時保有隱私的居住空間。

前提條件
家庭成員：子女家（夫妻＋小孩2人）＋父母家（父母＋哥哥）
基地條件：基地面積551.96㎡
建蔽率70％、容積率240％
位於田園地帶的寧靜住宅地。東、北兩側臨接道路。西側有水道。

案主的主要要求
• 樓梯要經由LDK
• 木平台、有榻榻米的空間等

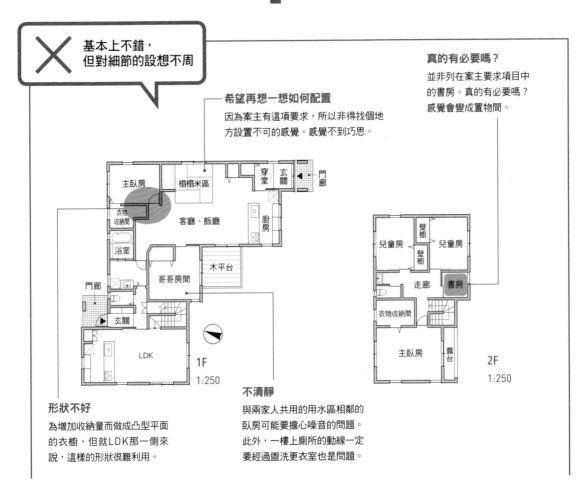

✕ **基本上不錯，但對細節的設想不周**

真的有必要嗎？
並非列在案主要求項目中的書房。真的有必要嗎？感覺會變成置物間。

希望再想一想如何配置
因為案主有這項要求，所以非得找個地方設置不可的感覺。感覺不到巧思。

1F 1:250

2F 1:250

形狀不好
為增加收納量而做成凸型平面的衣櫥，但就LDK那一側來說，這樣的形狀很難利用。

不清靜
與兩家人共用的用水區相鄰的臥房可能要擔心噪音的問題。此外，一樓上廁所的動線一定要經過盥洗更衣室也是問題。

創造兼顧
隱私的
同居生活樂趣

左：副門廊側的外觀
右：一樓榻榻米區。以挑高空間與二樓連通，是家人聚集的場所
攝影：久保倉千明（三幀皆是）

基地條件

可變性

採光

的交流
人與人

借景

動線

訪客

隱私

收納

特殊房間

多世代

出租

集中在這裡
衣物間內設置長桌，作為可以燙衣服的家事區。收進室內的衣服可以在這裡摺疊、熨燙、直接收放。

連結一家人
與一樓LDK連通的挑高空間。透過這個挑高空間可感知樓下家人的動靜，就二樓的房間來說也不會陷入孤立。

2F
1:250

共用空間很寬敞
廚房外的用水區為共用空間，因而預留寬敞的面積。盥洗更衣室則做成可從兩側進入。

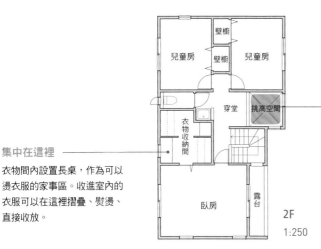

從哪邊都很好！
一樓的兩個LDK都設有可看見庭院的大扇窗戶。有可以從不同角度欣賞的庭院，在兩個LDK之間來來去去感覺也很新鮮。

家人聚集的榻榻米區
設在一樓、幾近中央位置的榻榻米區透過挑高空間與二樓連結，成為家人容易匯聚的場所。做成榻榻米區，平時也方便利用。

1F
1:250

基地面積／551.96㎡
樓地板面積／183.84㎡
設計、施工／HAGIホーム・プロデュース
案名／垂直與水平。生活動線設想周到的二代宅

003

保留老物件 並且能 適應新生活的 民家改建

一百一十年前（明治時代）建造的古老民家的改建案。基地面積廣闊，內有兒子們居住的房子、倉庫、稻田和菜圃等。

要居住的只有母親一人。身為長男的案主在保留古老民家，和對現代生活空間的憧憬之間猶疑。設計師因此提出拆除昭和時代改建的部分，恢復明治時代的形貌，且兼具生活功能的規劃案。也考慮到新舊的協調，如在建築物後方增建RC結構的獨立浴室等。復舊之際，設計前的調查工作花費了六個月的時間。

前提條件
家庭成員：夫妻＋母親（不過夫妻住在別棟）
基地條件：基地面積2456.00㎡
　　　　　建蔽率7.2%、容積率7.2%
　　　　　平坦、廣闊的基地。
案主的主要要求
• 希望盡可能保留既有建築
• 用水區要採用最新設備
• 利用井水和天然瓦斯

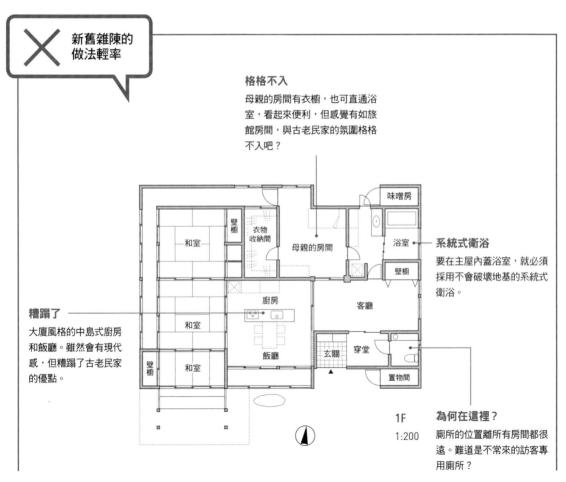

✕ 新舊雜陳的做法輕率

格格不入
母親的房間有衣櫥，也可直通浴室，看起來便利，但感覺有如旅館房間，與古老民家的氛圍格格不入吧？

系統式衛浴
要在主屋內蓋浴室，就必須採用不會破壞地基的系統式衛浴。

糟蹋了
大廈風格的中島式廚房和飯廳。雖然會有現代感，但糟蹋了古老民家的優點。

為何在這裡？
廁所的位置離所有房間都很遠。難道是不常來的訪客專用廁所？

味噌房 · 浴室 · 壁櫥 · 母親的房間 · 衣物收納間 · 壁櫥 · 和室 · 和室 · 和室 · 壁櫥 · 廚房 · 客廳 · 飯廳 · 玄關 · 穿堂 · 置物間

1F
1:200

設備配置得
不易被周遭看見，
凸顯古老的美好

左：建築物外觀。右側凹進去的
部分是新玄關
右：拉門敞開後，客廳和後方的
穿堂便連成一體

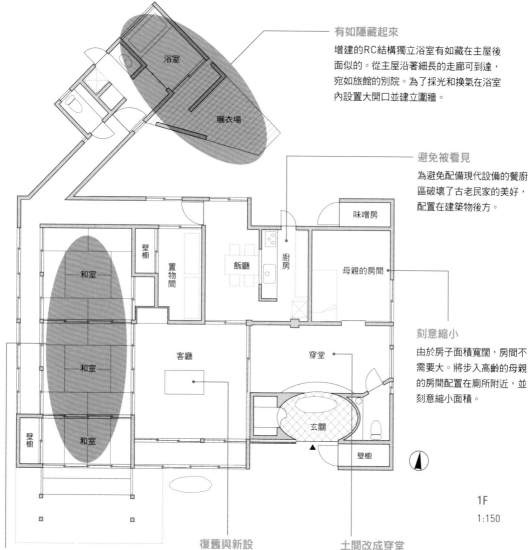

有如隱藏起來
增建的RC結構獨立浴室有如藏在主屋後面似的。從主屋沿著細長的走廊可到達，宛如旅館的別院。為了採光和換氣在浴室內設置大開口並建立圍牆。

避免被看見
為避免配備現代設備的餐廚區破壞了古老民家的美好，配置在建築物後方。

刻意縮小
由於房子面積寬闊，房間不需要大。將步入高齡的母親的房間配置在廁所附近，並刻意縮小面積。

圖中文字：
浴室、曬衣場、壁櫥、置物間、和室、飯廳、廚房、味噌房、母親的房間、客廳、和室、穿堂、壁櫥、和室、玄關、壁櫥

1F
1:150

原封不動地保留
居住的人希望留下的三間相連的和室以現狀繼續保留。

基地面積／2456.00㎡
樓地板面積／175.18㎡
設計、施工／剛保建設
案名／長生村的民家

復舊與新設
拆除昭和時代增加的部分，恢復建造完工當時的模樣。同時又新設下挖式暖爐，變得更好居住。

土間改成穿堂
把原本的土間改成大穿堂。不管是進行農作物裝箱作業，或是敞開拉門與客廳連成一體使用都可以，功能多樣。

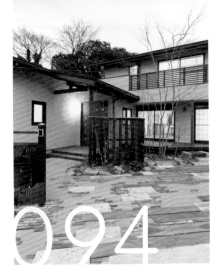

094

若即若離，週末全員團聚，四代七人同居的家

作息時間各異的兩家四代人同住、共用玄關和浴室的住宅。彼此可以不必顧慮他人地過生活，卻又聲息互通，週末還可聚在一起用餐。

在用水區做一道與基地形狀相應的斜牆，以免用水區變成封閉式的空間。賦予外部空地各種功能，如入口通道、停車場、腳踏車停車場、曬衣場等。祖母的房間則與客廳保持適度的距離，同時又能感覺到家人出入的動靜，是個明亮空間。

前提條件
家庭成員：父母家（祖母＋父母）＋子女家（夫妻＋小孩2人）＋貓
基地條件：基地面積306.04㎡
　　　　　建蔽率60%、容積率160%
　　　　　寧靜的住宅區，形狀近似梯形。
案主的主要要求
- 共用玄關和浴室的兩個家庭
- 想要週末大夥兒一起在一樓用餐
- 包含擺放結婚時的衣櫥在內，充足的收納空間

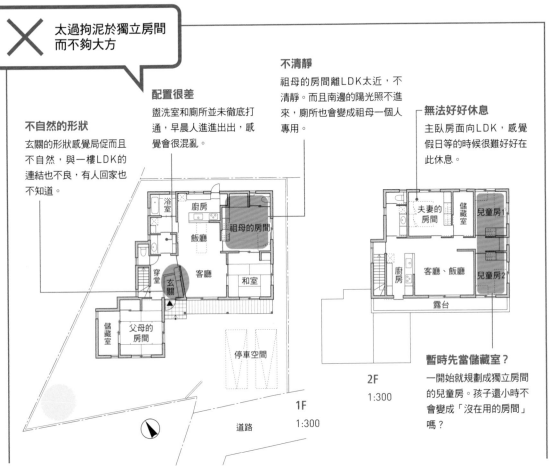

✕ 太過拘泥於獨立房間而不夠大方

不自然的形狀
玄關的形狀感覺局促而且不自然，與一樓LDK的連結也不良，有人回家也不知道。

配置很差
盥洗室和廁所並未徹底打通，早晨人進進出出，感覺會很混亂。

不清靜
祖母的房間離LDK太近，不清靜。而且南邊的陽光照不進來，廁所也會變成祖母一個人專用。

無法好好休息
主臥房面向LDK，感覺假日等的時候很難好好在此休息。

暫時先當儲藏室？
一開始就規劃成獨立房間的兒童房。孩子還小時不會變成「沒在用的房間」嗎？

1F 1:300

2F 1:300

道路

配合基地形狀設計平面，讓空間有餘裕

左：一樓祖母的房間。鄰居也能輕易地從窗戶探頭進來打招呼
右：一樓客廳、飯廳以及和室

攝影：遠山しゅんか（三幀皆是）

風可穿過

考量通風，在二樓設置窗戶和拉門，以便風可以南北對流。敞開拉門，舒爽的風就會穿過室內。

目前保持寬闊

將來兒童房會隔間，但目前先做成開放式寬闊的遊戲場。北側穩定的光線會充滿室內。

遮擋＆集中

在廚房旁邊豎立一道牆，以避免廚房內部被人從客廳那一側看光光。開關和控制裝置等集中設置在這面牆上，可以在一個地點操作各種功能。

順暢的洗衣動線

把洗衣間設在曬衣場旁，洗好的衣服可以馬上晾起來。收進室內的衣服也可以暫放在洗衣間，作業效率極佳。

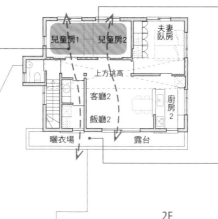

2F
1:250

隨時可使用

浴室為所有人共用，因此另外設置更衣室，以便有人入浴時也能使用盥洗室。

大家一起用餐

平日一、二樓各過各的生活，但週末四代人會齊聚一堂，在一樓的飯廳用餐，因而準備了大餐桌。

若即若離

祖母的房間設在玄關旁、感覺較偏離的位置，成為與LDK若即若離的寧靜房間。可以從道路直接走到窗邊，因此鄰近的朋友也能輕鬆地來訪。房間旁邊也有廁所。

也能收放結婚時的家具

設置較大的儲藏室，以便能擺放結婚時的家具等手邊現有的珍貴家具。

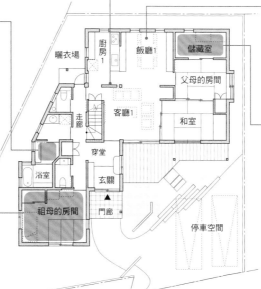

1F
1:250

基地面積／306.04㎡
樓地板面積／199.40㎡
設計、施工／持井工務店
案名／市場之家

095

坐著輪椅
方便生活的家
是所有人
都好居住的家

以輪椅代步的男主人委託敝公司社長,同時也是知名的「輪椅建築士」設計的,是全家人皆可無壓力快樂生活的家。

基地北側臨近山壁,由於委託人過去曾有土石流受害的經驗,因此盡可能讓建築物遠離山壁,配置在可引入南邊日照的場所。確保輪椅可通行的有效尺寸,利用建築物的內外空間設計回遊動線,同時成為家人也方便使用的生活動線。

前提條件
家庭成員:夫妻+小孩1人+母親
基地條件:基地面積853.36㎡
　　　　　建蔽率60%、容積率200%
　　　　　南側有河川流過,後方接連山地,與河邊
　　　　　的縣道和大片農田相接的農村地帶。

案主的主要要求
• 過去曾因土石流受害,盡可能把房子蓋在南側
• 共用玄關、用水區也無妨的二代宅
• 坐著輪椅也可以參與家事勞動等

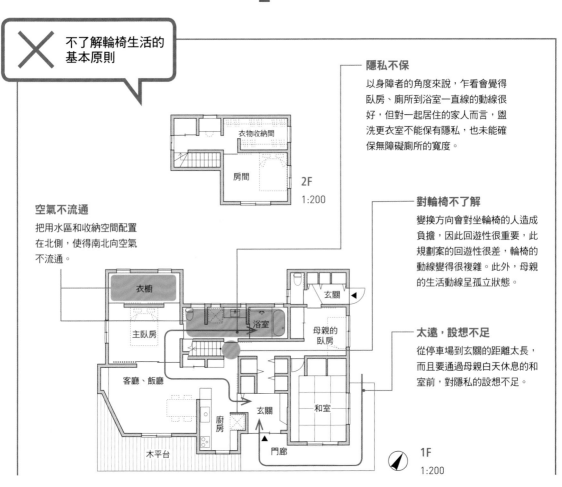

✕ 不了解輪椅生活的基本原則

隱私不保
以身障者的角度來說,乍看會覺得臥房、廁所到浴室一直線的動線很好,但對一起居住的家人而言,盥洗更衣室不能保有隱私,也未能確保無障礙廁所的寬度。

空氣不流通
把用水區和收納空間配置在北側,使得南北向空氣不流通。

對輪椅不了解
變換方向會對坐輪椅的人造成負擔,因此回遊性很重要,此規劃案的回遊性很差,輪椅的動線變得很複雜。此外,母親的生活動線呈孤立狀態。

太遠,設想不足
從停車場到玄關的距離太長,而且要通過母親白天休息的和室前,對隱私的設想不足。

衣物收納間
房間
2F
1:200

衣櫥
主臥房
浴室
母親的臥房
客廳、飯廳
廚房
玄關
和室
木平台
門廊
玄關
1F
1:200

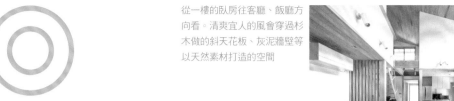

可坐著輪椅移動的回遊動線成為家人的生活動線

從一樓的臥房往客廳、飯廳方向看。清爽宜人的風會穿過杉木做的斜天花板、灰泥牆壁等以天然素材打造的空間

攝影：岡村靖子（兩幀皆是）

2F
1:200

2樓平面圖標示：
- 衣物收納間2
- 房間
- 走道
- 房間
- 挑高空間
- 儲藏室
- 挑高空間
- 貓道

清爽開闊

杉木做的斜天花板、灰泥牆壁讓挑高空間變得開闊又清爽。挑高空間上部的高側窗和東面的窗戶讓陽光照進屋內深處、容易陰暗的房間。

通風

不僅在南側，也在北側設置開口部，讓自然風可以南北對流。

打造回遊動線

為了讓以輪椅代步的男主人也能順暢移動，設計了多條寬敞的回遊動線。這些動線能讓男主人和全家人的生活都舒暢。

日本的傳統

很深的屋簷可以阻擋陽光照射，增加宜居度。屋簷下做成不受天候影響、隨時可利用的木平台，就生活動線來說，也發揮很大的功用。

1樓平面圖標示：
- 浴室
- 衣物收納間2
- 男主人的臥房
- 客廳、飯廳
- 和室
- 衣物收納間1
- 母親的臥房
- 入口通道
- 廚房
- 玄關
- 門廊
- 木平台
- 曬衣場
- 食品儲藏庫
- 車棚

1F
1:200

基地面積／853.36㎡
樓地板面積／162.52㎡
設計、施工／阿部建設
案名／對所有住的人都友善的通用化設計住宅

所有人都方便使用

可以坐著輪椅拿取鞋子和外套的收納空間，其他家人也用起來很方便。

不會被雨淋濕

車棚到玄關的斜坡道。由於設有遮雨棚，不會淋濕，可以坐著輪椅移動。

096

利用空間配置的巧思讓所有人愉快生活的二代宅

在屋內連結的二代宅。玄關以外的空間，如用水區等皆分離，以保有隱私，但同時也預備一條可利用內部樓梯往來的動線。把周圍的建築物也納入考慮，依照能確保明亮、通風的空間為原則規劃格局。

用水區的生活噪音容易讓人在意，因此將上下樓的用水區配置在相近的位置；此外，並力求簡化家事動線、擴充收納空間，避免二代宅常見的其中一個家庭必須隱忍的情況發生。

前提條件
家庭成員：子女家（夫妻＋小孩1人）＋父母家（雙親）
基地條件：基地面積424.26㎡
　　　　　建蔽率60%、容積率200%
　　　　　離道路3m的扇形基地。
案主的主要要求
• 兩家人有各自的用水區等
• 確保兩個家庭在屋內可以往來的動線
• 父母擁有各自的臥房
• 希望部分舊家的材料再利用

✕ 巧思不足，兩家都受拘束

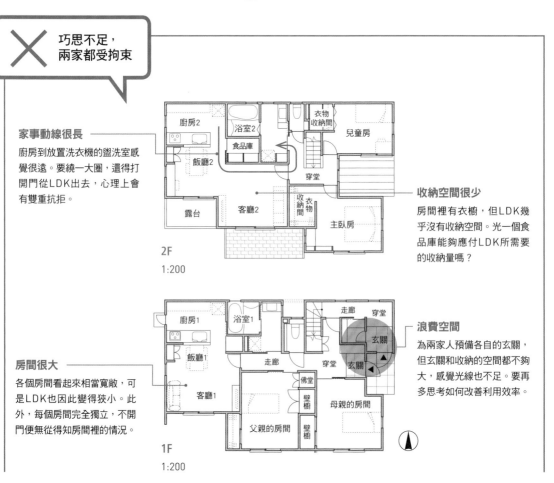

家事動線很長
廚房到放置洗衣機的盥洗室感覺很遠。要繞一大圈，還得打開門從LDK出去，心理上會有雙重抗拒。

收納空間很少
房間裡有衣櫥，但LDK幾乎沒有收納空間。光一個食品庫能夠應付LDK所需要的收納量嗎？

2F 1:200

房間很大
各個房間看起來相當寬敞，可是LDK也因此變得狹小。此外，每個房間完全獨立，不開門便無從得知房間裡的情況。

浪費空間
為兩家人預備各自的玄關，但玄關和收納的空間都不夠大，感覺光線也不足。要再多思考如何改善利用效率。

1F 1:200

共享玄關，有效地利用面積

打造副動線

設計可以從食品庫走到盥洗室的動線，縮短家事動線。看起來只是一點點差異，但畢竟是每天要利用，差一點就差很多。

共用的玄關。從右側上二樓，左側則是通往一樓父母家

廚房2

浴室2

食品庫

飯廳2

穿堂

兒童房

2F
1:150

客廳2

衣物收納間

主臥房

露台

較為寬闊的露台

在看得見公園裡的櫻花的方向設置較寬敞的露台，讓二樓也可以充分享受外部空間的樂趣。

閣樓收納空間

利用固定式樓梯打造閣樓當作二樓LDK的收納空間。固定式樓梯和梯子在上下樓的方便性上有顯著的差異。

多目的利用

父親的房間出入口採用轉角拉門設計，可以兩側敞開。一旦敞開，房間和LDK便連成一體，可運用在各種目的。

以玄關分隔開來

玄關門只有一個，但在兩個方向設置穿堂，讓人可以各自前往一、二樓。玄關收納空間雖然也共用，但面積夠寬敞，不會感覺受拘束。

還有腳踏車停車場

縮小了玄關的面積，因而裝設大遮雨棚，做成腳踏車停車場。不會淋雨的腳踏車停車場相當實用。

廚房1

浴室1

收納

飯廳1

走廊

穿堂2

鞋子收納間

穿堂

玄關

客廳1

父親的房間

壁櫥

佛堂

收納櫃

母親的房間

儲藏室

享受戶外風光

客廳前的平台不做翼牆，讓客廳的視野變開闊。這個方向有公園，可以看見櫻花，欣賞眺望的景致。

1F
1:150

基地面積／424.26㎡
樓地板面積／162.39㎡
設計、施工／鶴崎工務店
案名／發揮扇形基地之利的二代宅

內部相連

透過儲藏室連通兩個房間。平時即使關著也能確認彼此的情況。在確保收納空間的同時，也能互通聲息。

197

▌協助提供設計案的設計事務所和工務店

設計事務所

（株）石川淳建築設計事務所

代表	石川淳
電話	03-3950-0351
地址	東京都中野区
	江原町2-31-13第1喜光マンション
網址	https://www.jun-ar.info/
刊載頁	86,172

imajo design

代表	今城敏明・今城由紀子
電話	03-5969-8154
地址	東京都世田谷区上祖師谷7-7-2
網址	http://www.imajo-design.com/
刊載頁	114,118

（有）H.A.S.Market

代表	長谷部勉
電話	03-6801-8777
地址	東京都文京区本郷4-9-1 ATプラザ201
網址	http://www.hasm.jp/
刊載頁	74,94

（有）acaa建築研究所

代表	岸本和彦
電話	045-228-70721
地址	神奈川県横浜市中区石川町2-78-10-4F
網址	http://www.ac-aa.com/
刊載頁	38,54

オノ・デザイン建築設計事務所

代表	小野喜規
電話	03-3724-7400
地址	東京都目黒区自由が丘3-16-8
網址	http://www.ono-design.jp/
刊載頁	14,82

小長谷亘建築設計事務所

代表	小長谷亘
電話	042-851-7763
地址	東京都町田市玉川学園4-3-20
網址	http://www.obase-arch.com/
刊載頁	58,80

（株）GEN INOUE

代表	井上玄
電話	045-298-1930
地址	神奈川県横浜市中区北仲通4-45
	松島ビル4F
網址	https://architect.bz/
刊載頁	72,90

こぢこぢ一級建築士事務所

代表	小嶋良一
電話	045-482-4792
地址	神奈川県横浜市青葉区美しが丘
	1-23-7-206
網址	https://kodikodi.com/
刊載頁	18,88

坂本昭・設計工房CASA

代表	坂本昭
電話	06-6537-1145
地址	大阪府大阪市西区南堀江1-14-5
網址	http://www.akirasakamoto.com/
刊載頁	40,78

佐久間徹設計事務所

代表	佐久間徹
電話	0422-27-7121
地址	東京都武蔵野市吉祥寺本町4-32-26
網址	https://sakumastudio.com/
刊載頁	26,128

（株）椎名英三 祐子建築設計

代表	椎名英三
電話	03-6413-7890
地址	東京都世田谷区世田谷2-4-2
	SACRA TERRACE E02
網址	http://www.e-shiina.com/
刊載頁	06

（株）篠崎弘之建築設計事務所

代表	篠崎弘之
電話	03-3465-1993
地址	東京都渋谷区代々木5-7-9-301
網址	http://www.shnzk.com/
刊載頁	84,156

充総合計画一級建築士事務所

代表	杉浦充
電話	03-6319-5806
地址	東京都目黒区中根2-19-19
網址	http://www.jyuarchitect.com/
刊載頁	182

白子秀隆建築設計事務所

代表	白子秀隆
電話	03-3723-8775
地址	東京都目黒区八雲3-30-1
	サクラテラス-E
網址	https://shaa.jp/
刊載頁	62,180

（有）ステューディオ2アーキテクツ

代表	二宮博・菱谷和子
電話	045-488-4125
地址	神奈川県横浜市神奈川区片倉2-29-5-B
網址	http://home.netyou.jp/cc/studio2/
刊載頁	56,110

（有）設計アトリエ

代表	瀬野和広
電話	03-3310-4156
住所	東京都中野区大和町 1-67-6
	MT COURT 606
網址	http://www.senonose.com/
刊載頁	10,130

（株）デザインライフ設計室

代表	青木律典
電話	042-860-2945
地址	東京都町田市大蔵町2038-21
網址	http://www.designlifestudio.jp
刊載頁	92,170

（株）直井建築設計事務所

代表	直井克敏・直井徳子
電話	03-6273-7967
地址	東京都千代田区神田駿河台
	3-1-9 2F-A
網址	http://www.naoi-a.com/
刊載頁	100,112

納谷建築設計事務所

代表	納谷学・納谷新
電話	044-411-7934
地址	神奈川県川崎市中原区上丸子山王町
	2-1376-1F
網址	http://www.naya1993.com/
刊載頁	16,60

長谷川順持建築デザインオフィス（株）

代表	長谷川順持
電話	03-3523-6063
地址	東京都中央区新川 2-19-8 SHINKA 11階
網址	http://www.interactive-concept.co.jp/
刊載頁	08,168

（有）U設計室

代表	落合雄二
電話	03-6450-8456
地址	東京都世田谷区若林4-29-37
網址	http://www.u-sekkeishitsu.com/
刊載頁	12

LEVEL Architects

代表	中村和基・出原賢一
電話	03-3280-1170
住所	東京都港区高輪3-23-14
	シャトー高輪 208
網址	https://level-architects.com/
刊載頁	42,46

協助提供設計案的設計事務所和工務店

工務店

相羽建設（株）
代表　相羽健太郎
電話　042-395-4181
地址　東京都東村山市本町2-22-11
網址　http://aibaeco.co.jp/
刊載頁　98

（株）加賀妻工務店
代表　高橋一総
電話　0467-87-1711
地址　神奈川県茅ヶ崎市矢畑1395
網址　https://www.kagatuma.co.jp/
刊載頁　122,144

（株）小林建設
代表　小林伸吾
電話　0495-72-0327
地址　埼玉県本庄市児玉町児玉2454-1
網址　http://www.kobaken.info/
刊載頁　22,136

阿部建設（株）
代表　阿部一雄
電話　052-911-6311
地址　愛知県名古屋市
　　　北区黒川本通4-25
網址　http://www.abe-kk.co.jp/
刊載頁　166,194

KAJA DESIGN／（株）大熊工業
代表　大熊英樹
電話　0422-27-2123
地址　東京都武蔵野市
　　　吉祥寺本町4-9-15
網址　https://kaja-design.com/
刊載頁　48,160

サンキホーム（株）
代表　木本己樹彦
電話　0466-33-3336
地址　神奈川県藤沢市
　　　辻堂元町4-15-17
網址　https://www.sankihome.co.jp/
刊載頁　34,104

IDA HOMES／（株）伊田工務店
代表　伊田昌弘
電話　078-861-1165
地址　兵庫県神戸市
　　　灘区城内通4-7-25
網址　https://www.idahomes.co.jp/
刊載頁　96,120

（株）北村建築工房
代表　北村佳巳
電話　046-865-4321
地址　神奈川県横須賀市追浜東町2-13
網址　http://ki-kobo.jp/
刊載頁　20,132

（有）三陽工務店
代表　荻沼康之
電話　042-742-0293
地址　神奈川県相模原市南区旭町11-8
網址
http://www.sanyoukoumuten.co.jp/
刊載頁　142,176

岡庭建設（株）
代表　岡庭伸行
電話　042-468-1166
地址　東京都西東京市富士町1-13-11
網址　https://www.okaniwa.jp/
刊載頁　66,174

（株）KURASU
代表　小針美玲
電話　03-5726-1105
地址　東京都世田谷区奥沢2-18-1
網址　https://kurasu.co.jp/
刊載頁　64,102

（株）じょぶ
代表　礎山哲也
電話　072-966-9226
地址　大阪府東大阪市中新開
　　　2-10-26
網址　https://job-homes.com/
刊載頁　52,68

（株）オザキ建設
代表　塚本玄竹
電話　052-877-8200
地址　愛知県名古屋市緑区
　　　平手南2-410
網址　http://ozakikensetu.co.jp/
刊載頁　152,158

剛保建設（株）
代表　萩原保司
電話　03-3357-6433
地址　東京都新宿区富久町16-12
　　　パルセ富久ビル2階
網址　http://www.studiogoh.com/
刊載頁　126,190

（株）鈴木工務店
代表　鈴木亨
電話　042-735-5771
地址　東京都町田市能ヶ谷3-6-22
網址
https://www.suzuki-koumuten.co.jp/
刊載頁　116,178

（株）大市住宅産業

代表　大前裕樹
電話　079-590-1233
地址　兵庫県篠山市吹新64-2
網址　http://daiichijutaku.com/
刊載頁　148

（株）鶴崎工務店

代表　鶴崎敏美
電話　03-3488-8511
地址　東京都狛江市西野川2-38-8
網址　http://www.tsurusaki.co.jp/
刊載頁　186,196

桃山建設（株）

代表　川岸孝一郎
電話　03-3703-1421
地址　東京都世田谷区玉堤1-27-13
網址　http://www.m-design.co.jp/
刊載頁　154,164

（株）DAISHU

代表　清水道英
電話　047-325-1335
地址　千葉県市川市市川2-11-15
網址　https://www.daishu.co.jp/
刊載頁　146

（株）中野工務店

代表　中野光郎
電話　047-324-3301
地址　千葉県市川市川南4-8-14
網址
http://www.nakano-komuten.co.jp/
刊載頁　30,50

（株）YAZAWA LUMBER

代表　矢澤俊一
電話　042-529-7000
地址　東京都立川市錦町6-11-25
網址　https://www.yazawa-l.com/
刊載頁　134,138

（株）ダイワ工務店

代表　奥田昌義
電話　072-832-3276
地址　大阪府寝屋川市末広町1-12
網址　http://www.e-daiwa.net/
刊載頁　36,76

（株）ハウステックス

代表　佐藤義明
電話　042-380-5630
地址　東京都小金井市梶野町4-16-10
網址　https://www.housetecs.co.jp/
刊載頁　70,124

ライフデザイン／オガワホームHD（株）

代表　小川勉
電話　048-928-7072
地址　埼玉県草加市中央2-1-4
網址　http://www.ogawahome.co.jp/
刊載頁　24,28

（株）高砂建設

代表　風間健
電話　048-445-5000
地址　埼玉県蕨市中央1-10-2
網址
https://www.takasagokensetu.co.jp/
刊載頁　32,140

HAGIホーム・プロデュース（株）

代表　萩永敏昭
電話　0584-47-8117
地址　岐阜県不破郡
　　　垂井町東神田3-46
網址　http://hagihome.com/
刊載頁　162,188

（株）リモルデザイン

代表　菅沼利文
電話　045-360-6227
地址　神奈川県横浜市旭区
　　　笹野台1-1-27 3F
網址
http://www.remoldesign.com/
刊載頁　44,106

（株）千葉工務店

代表　千葉弘幸
電話　048-985-7002
地址　埼玉県越谷市大成町6-237
網址　http://www.chiba-arc.co.jp/
刊載頁　108,150

（株）持井工務店

代表　持井大輔
電話　047-439-1678
地址　千葉県船橋市高根町1488
網址　http://www.mochii.co.jp/
刊載頁　184,192

結語

　　the house於2000年啟動「建築師介紹服務」，
2001年啟動「工務店介紹服務」，並於2016年啟動
「HOUSE MAKER介紹服務」，至今實現了2053件住
宅打造計劃。

　　正如每個人有每個人的個性，有多少家庭就有多少
種住宅形式。無庸贅言，對這本書的主題「格局」而
言，同樣沒有正確答案。

　　本書承繼大獲好評的《比較過後有趣的格局圖
鑑》、《格局的○和×》的主旨，刻意以「好格局、
壞格局」這樣的形式，講解分析由住宅打造專家反覆研
究、使出渾身解數設計出的方案、改造前原本的規劃，
以及從完全不同的取徑構思出的方案等。

　　若能透過本書讓更多人領略住宅打造的樂趣，了解
「符合自我風格的住家」能大幅充實我們的生活，the
house團隊會非常高興。

　　最後要向所有參與本書製作的朋友及閱讀本書的各
位讀者致上由衷的感謝。

株式會社the house

由經驗豐富的工作人員免費協助案主打造完全適合
自己的住宅。經營「訂製住宅的諮詢窗口」，為民
眾介紹全國精挑細選出的「優良工務店」，以及
通過嚴格審查的「知名建築師」。此外，還經營
「MARUWAKARI訂製住宅」入口網站、開辦住
宅講座、出版住宅相關書籍等。

https://thehouse.co.jp/
TEL:03-3449-0950

設計：細山田デザイン事務所（米倉英弘、奥山志乃）
編輯協力：武蔵野編集室（市川幹朗）
圖版製作協力：古賀陽子、鈴木将夫、傳田剛史、若原ひさこ

國家圖書館出版品預行編目(CIP)資料

打造完美住宅格局：採光、動線、收納……小巧思
帶來驚人效果! / the house著；鍾嘉惠譯. -- 初
版. -- 臺北市：臺灣東販，2020.01
204面；18.2×25.7公分
ISBN 978-986-511-224-0(平裝)

1.房屋建築 2.空間設計 3.家庭佈置

441.58　　　　　　　　　　108020693

YOI MADORI WARUI MADORI
© the house 2018
Originally published in Japan in 2018 by X-Knowledge Co., Ltd.
Chinese (in complex character only) translation rights arranged with
X-Knowledge Co., Ltd. TOKYO,
through TOHAN CORPORATION, TOKYO.

打造完美住宅格局
採光、動線、收納……小巧思帶來驚人效果！

2020年1月1日初版第一刷發行

作　　者　the house
譯　　者　鍾嘉惠
編　　輯　曾羽辰
特約美編　鄭佳容
發 行 人　南部裕
發 行 所　台灣東販股份有限公司
　　　　　＜地址＞台北市南京東路4段130號2F－1
　　　　　＜電話＞(02) 2577－8878
　　　　　＜傳真＞(02) 2577－8896
　　　　　＜網址＞http://www.tohan.com.tw
郵撥帳號　1405049－4
法律顧問　蕭雄淋律師
總 經 銷　聯合發行股份有限公司
　　　　　＜電話＞(02) 2917－8022